空间运动及目标轨迹识别技术研究

禹霁阳　黄　丹　姚亚洲　著

中国纺织出版社有限公司

图书在版编目（CIP）数据

空间运动及目标轨迹识别技术研究 / 禹霁阳，黄丹，姚亚洲著. -- 北京：中国纺织出版社有限公司，2023.10

ISBN 978-7-5229-1322-3

Ⅰ.①空… Ⅱ.①禹… ②黄… ③姚… Ⅲ.①目标跟踪—研究 Ⅳ.①TN953

中国国家版本馆 CIP 数据核字（2023）第 248477 号

责任编辑：王 慧　　责任校对：高 涵　　责任印制：储志伟

中国纺织出版社有限公司出版发行
地址：北京市朝阳区百子湾东里 A407 号楼　邮政编码：100124
销售电话：010—67004422　传真：010—87155801
http://www.c-textilep.com
中国纺织出版社天猫旗舰店
官方微博 http://weibo.com/2119887771
天津千鹤文化传播有限公司印刷　　各地新华书店经销
2023 年 10 月第 1 版第 1 次印刷
开本：710×1000　1/16　印张：13.5
字数：215 千字　定价：98.00 元

前言／PREFACE

《空间运动及目标轨迹识别技术研究》旨在介绍全面深入了解空间目标轨迹识别的基础知识和方法，并探讨空间目标的运动特性及相关的检测和跟踪技术。

第一章是导论部分，它为本书的内容提供了一个整体框架，并引导读者阅读后续章节的具体内容。第一节研究背景概述了空间目标轨迹识别技术的重要性和研究意义，从而引起读者对该领域的兴趣。第二节研究综述回顾了相关领域的前沿研究成果和现有方法，为读者提供了一个全面的研究背景。

第二章空间目标概述。第一节讨论了空间目标的轨道特征，包括轨道类型、轨道参数等，为后续章节的内容提供了基础。第二节探讨了空间目标的动力学特征，包括速度、加速度等，帮助读者了解目标在空间中的运动规律。

第三章着重介绍了空间运动目标检测跟踪基础知识。第一节讨论了运动图像的分析方法，包括特征提取、目标检测等，为后续章节的内容奠定了基础。第二节介绍了运动的种类，包括直线运动、曲线运动等，以及它们的特点。第三节介绍了运动的表达方式，包括数学模型和描述方法，以帮助读者理解和描述运动目标的特征。

第四章主要探讨了空间运动目标的检测背景。第一节介绍了在静止背景下的空间运动目标检测方法，包括基于差异图像的方法和基于背景建模的方法。第二节讨论了在动态背景下的空间运动目标检测方法，介绍了基于移动目标检测和自适应背景建模的技术。

第五章介绍了空间运动目标的检测方法。第一节详细介绍了常用的运动物体检测方法，包括基于阈值分割、基于边缘检测、基于模板匹配等方法，以及它们在空间运动目标检测中的应用和局限性。第二节讨论了灰度图像的背景提取方法，包括基于统计学、基于差异图像和基于纹理特征等的提取方法，帮助读者了解如何从图像中提取目标的背景信息。

第六章是本书的最后一章，主要介绍了空间运动目标的跟踪技术。第一节从概念上解释了跟踪的意义和目标，并介绍了跟踪任务中的挑战和要求。第二节详细介绍了基于 Mean Shift 的运动目标跟踪算法，包括其原理、步骤和应用。第三节介绍了基于形心法的目标跟踪算法，探讨了其优势和适用性。

通过阅读本书，读者将能够深入了解空间运动及目标轨迹识别技术的基本概念、原理和应用。本书旨在为研究者、工程师和学生提供综合而全面的资源，帮助他们在空间目标检测和跟踪领域取得进一步的研究成果。

最后，我们要感谢所有为本书的撰写和编辑做出贡献的人员，以及支持我们工作的机构和组织。希望本书能够为读者提供有价值的信息，激发他们对空间运动及目标轨迹识别技术研究的兴趣，并促进该领域的进一步发展。

著者

2023 年 6 月

目录／CONTENTS

第一章 导论

第一节 研究背景

在当今科技快速发展的时代，空间运动及目标轨迹识别技术作为一项重要的研究成果，受到广泛的关注。随着人类对空间探索和利用需求的不断增加，航天器、卫星等空间目标的数量和种类也在迅速增加。因此，实现对这些空间目标的准确检测和轨迹识别成为一个迫切的需求。

在过去的几十年中，空间目标的检测和轨迹识别一直是研究的热点和挑战之一。传统的观测方法，如雷达、光学观测等，已经在一定程度上实现了对空间目标的检测和追踪。然而，随着空间目标运动背景的复杂化和数量的增加，传统方法面临着许多挑战，包括观测范围的限制、观测精度的提高、复杂背景干扰的处理等。

随着计算机科学和人工智能的快速发展，特别是图像处理、模式识别、机器学习等领域的进步，为空间运动及目标轨迹识别技术的研究带来了巨大的机遇。利用计算机视觉和图像处理的技术手段，结合先进的算法和模型，可以实现对空间目标的自动化检测和轨迹识别，提高检测的准确性和效率。

此外，空间目标的运动轨迹识别在许多应用领域具有重要意义。例如，对于卫星通信和导航系统而言，准确识别和跟踪卫星的运动轨迹可以提高通信和导航的稳定性和可靠性。在地球观测和环境监测领域，精确的轨迹识别可以提供高质量的遥感数据，并支持对地球表面和大气层的检测和分析。此外，在航天任务的执行和管理中，空间目标的轨迹识别对于任务的规划、控制和安全至关重要。

对于空间目标运动及轨迹识别技术所面临的挑战和应用需求，开展深入的研究具有重要意义。通过研究空间运动及目标轨迹识别技术，可以实现对空间目标的自动化检测、精确的轨迹识别和实时跟踪，从而提高航天任务的安全性、可靠性和效率。

第二节　研究综述

一、国内研究综述

在国内，空间运动及目标轨迹识别技术的研究得到了广泛的关注和重视。许多研究机构、大学和企业积极投入到相关研究中，取得了丰硕的成果。以下是国内空间运动及目标轨迹识别技术研究的一些重要方向和成果。

（一）观测技术研究

观测技术是空间运动及目标轨迹识别技术的基础。国内的研究者在观测技术方面取得了显著进展。首先，他们利用雷达、光学观测、红外观测等多种技术手段实现了对空间目标的高精度、高分辨率的检测和测量。例如，雷达技术可以提供较远距离的目标探测和测量功能，而光学观测和红外观测技术可以提供高分辨率的目标图像和热辐射信息。其次，国内研究者还积极开展新型观测技术的研究，如基于合成孔径雷达（SAR）的目标识别和跟踪技术，该技术能够在任意天气条件下实现对目标的高分辨率成像和轨迹追踪。最后，基于高光谱图像的目标特征提取也是国内研究者关注的研究方向之一，他们通过分析目标的光谱特征，实现对目标的分类和识别。

（二）图像处理和模式识别研究

图像处理和模式识别是空间运动及目标轨迹识别技术的核心内容。国内的研究者在图像处理和模式识别方面开展了深入研究，并提出了一系列有效的算法和方法。首先，他们利用机器学习的方法进行目标检测和跟踪技术的研究。支持向量机（SVM）和卷积神经网络（CNN）等机器学习方法被广泛应用于空间目标的识别和跟踪。其次，国内研究者注重将图像处理和模式识别技术与实际应用相结合，开展了针对不同场景和目标的研究。例如，在航天器图像处理中，他们研究了航天器图像的去噪声和增强技术，以提高目标的可见性和辨识度。最后，他们还研究了针对复杂背景和遮挡情况下的目标分割和提取算法，以实现对目标的精确识别和定位。

（三）自主导航和轨迹规划研究

自主导航和轨迹规划是空间运动目标的重要功能之一。国内的研究者在自主导航和轨迹规划方面取得了显著进展。首先，他们通过利用先进的导航算法和轨迹规划方法，实现了对空间目标的自主导航和路径规划。例如，利用惯性测量单元（IMU）、全球定位系统（GPS）和视觉传感器等多种传感器，结合导航算法，可以实现对航天器的准确定位和轨迹跟踪。其次，他们还研究了多目标轨迹规划技术，以实现在复杂动态环境中多个目标的安全和高效运动。

（四）应用领域研究

空间运动及目标轨迹识别技术在许多应用领域具有广泛的应用前景。国内的研究者们积极探索空间运动及目标轨迹识别技术在航天任务与控制、航天器自主导航与定位、地球观测与环境监测、交通与城市规划等领域的应用。

首先，在航天任务与控制领域，国内的研究者开展了大量研究，包括航天器的轨迹规划与优化、自主飞行与姿态控制、轨道垃圾的检测与处理等。通过运用空间运动目标的检测和轨迹识别技术，他们能够实现对航天器的准确定位和轨迹控制，提高航天任务的执行效率和安全性。

其次，在航天器自主导航与定位领域，国内研究者关注于提高航天器的定位精度和自主导航能力。他们研究了基于视觉、激光雷达、惯性测量单元等传感器的航天器导航方法，并结合空间运动目标的检测与识别技术，实现了高精度的航天器定位与自主导航。

二、国外研究综述

国外的研究者们也在空间运动及目标轨迹识别技术方面进行了广泛的研究，取得了许多重要的成果。以下是国外在空间运动及目标轨迹识别技术研究方面的主要进展。

（一）观测技术与传感器研究

在国外的空间运动及目标轨迹识别技术研究中，观测技术和传感器的发展起到了关键作用。国外研究者致力于开发先进的传感器和观测技术，以实现对空间目标的精确检测和测量，并提高观测数据的可靠性和精度。

1. 合成孔径雷达技术

合成孔径雷达（Synthetic Aperture Radar，SAR）是一种重要的空间观测技术，它利用雷达波束的运动合成有效孔径，实现高分辨率的目标图像获取。国外的研究者通过不断改进 SAR 技术，提高了空间目标的分辨能力和遥感图像的质量。同时，他们还研究了 SAR 图像处理方法，如去噪、图像融合和目标提取等，以提高目标识别和轨迹重建的准确性。

2. 光学成像传感器技术

光学成像传感器在空间目标检测和识别中发挥着重要作用。国外研究者致力于提高光学成像传感器的分辨率、灵敏度和动态范围，以获取更清晰、准确的目标图像。他们研究了多光谱、高光谱和超光谱成像技术，扩展了对目标特征的观测能力。此外，他们还关注光学成像传感器的高速拍摄和连续采集技术，以捕捉高速运动目标的细节和变化。

3. 多源数据融合

国外的研究者意识到单一观测源的局限性，致力于将多源数据融合应用于空间目标的检测和识别。他们研究了多源数据的融合算法和框架，如传感器数据的融合、图像和雷达数据的融合等。通过综合利用不同传感器和观测技术的数据，国外研究者能够获取更全面、准确的目标信息，并提高目标识别和轨迹重建的准确性。

4. 传感器网络技术

传感器网络是指由多个分布式传感器组成的网络系统，用于收集、处理和传输目标相关的信息。国外研究者探索传感器网络技术在空间运动及目标轨迹识别中的应用，如传感器节点的布置策略、数据传输和处理算法，以及网络中节点之间的协同工作机制。通过构建传感器网络，国外研究者能够实现对大范围区域的目标检测和跟踪，提高目标定位和轨迹预测的精度。

通过开发先进的观测技术，如合成孔径雷达和光学成像传感器，以及研究多源数据融合和传感器网络技术，国外研究者实现了对空间目标的精确检测和测量，并提高了目标识别和轨迹重建的准确性。这些技术的应用促进了空间目标检测和跟踪的发展，并为各个领域的应用提供了关键支持。

（二）模式识别与机器学习研究

国外的研究者在模式识别与机器学习领域也进行了广泛的研究，以提高空间运动及目标轨迹识别的准确性和效率。他们提出了许多高效的目标检测、跟踪和识别算法，并将机器学习技术应用于空间目标的分析和推断。

1. 目标检测与跟踪算法

国外的研究者针对空间目标的检测与跟踪问题，提出了多种高效的算法。其中，基于特征提取和分类的方法得到了广泛应用。他们研究了不同的特征描述子，如形状特征、纹理特征和运动特征，并通过机器学习算法实现目标的分类和识别。此外，国外研究者还研究了基于图像分割和背景建模的目标检测算法，以及基于卡尔曼滤波和粒子滤波的目标跟踪算法，提高了目标的定位和轨迹预测的精度。

2. 深度学习在目标识别中的应用

近年来，深度学习技术在目标识别领域取得了显著进展，并被广泛应用于空间运动及目标轨迹识别技术的研究中。国外的研究者利用深度学习算法，如卷积神经网络（Convolutional Neural Networks，CNN）和循环神经网络（Recurrent Neural Networks，RNN），实现了对复杂目标的高效识别和分类。

通过深度学习，国外研究者能够从大规模数据中学习目标的特征表示，并建立准确的目标识别模型。他们研究了深度卷积神经网络在目标检测和分类中的应用，如基于区域的卷积神经网络（Region-based Convolutional Neural Networks，R-CNN）、快速区域提议网络（Fast R-CNN）和更高级的模型，如基于区域的全卷积网络（Region-based Fully Convolutional Networks，R-FCN）。这些方法能够在复杂背景和多目标场景下实现高精度的目标检测和定位。

此外，国外研究者还将循环神经网络应用于空间目标的轨迹预测和跟踪。通过建立时序数据的模型，他们能够预测目标的运动轨迹，并实现对目标的连续跟踪。这些方法在目标的长期跟踪和行为分析中具有重要意义，例如航天器轨迹的预测和航空器的路径规划等。

通过提出高效的目标检测、跟踪和识别算法，并应用深度学习技术，国外研究者能够实现对复杂目标的准确识别和轨迹预测。这些方法为空间目标的检测和分析提供了强大的工具，并在航天、交通管理、环境检测等领域的应用中发挥了重要作用。

（三）自主导航与智能控制研究

在国外的空间运动及目标轨迹识别技术研究中，自主导航和智能控制是研究的关键领域。国外的研究者致力于开发自主导航和智能控制技术，实现航天器的高精度定位和自主控制，并将这些技术应用于多智能系统和自主机器人等领域。

1. 自主导航技术

国外的研究者在自主导航技术方面进行了深入研究，旨在实现航天器的自主定位、轨迹规划和路径跟踪。他们探索了多种自主导航方法，如基于模型预测控制（Model Predictive Control，MPC）、强化学习和优化算法等。这些方法能够根据航天器的动态模型和环境信息，进行实时的路径规划和控制决策，从而实现航天器的高精度定位和轨迹跟踪。

2. 智能控制技术

国外研究者注重开发智能控制技术，以实现航天器的自主决策和控制能力。他们研究了机器学习和优化算法在航天器控制中的应用，如强化学习算法、遗传算法和模糊控制等。这些技术能够通过学习和优化过程，提高航天器的控制性能，并适应复杂和变化的环境条件。

3. 多智能系统与自主机器人

除了航天器，国外的研究者还将自主导航和智能控制技术应用于多智能系统和自主机器人等领域。他们研究了多智能体协同工作的算法和方法，以实现多个机器人或航天器的协同定位、任务分配和路径规划。这些技术能够提高多智能系统的效率和鲁棒性，并应用于无人机编队、救援任务和智能交通等领域。

通过研究基于模型预测控制、强化学习和优化算法的自主导航技术，国外研究者能够实现航天器的高精度定位和自主控制。同时，他们将自主导航技术应用于多智能系统和自主机器人等领域，推动了这些领域的发展，并为未来智能化系统的设计和应用提供了重要的理论和技术支持。

（四）应用领域研究

国外的研究者将空间运动及目标轨迹识别技术广泛应用于多个领域，以下是其中一些主要的应用领域。

1. 交通管理

国外研究者利用空间目标轨迹识别技术实现了交通流量检测、智能交通控制等。通过分析空中和地面交通目标的轨迹数据，他们能够提供实时的交通状态信息和预测，帮助交通管理部门进行交通拥堵疏导和交通规划优化，提高交通效率和安全性。

2. 环境监测

国外研究者利用空间目标的检测和分析技术，实现了对地表环境、气候变化、自然灾害等的监测与分析。通过分析目标轨迹和运动模式，他们能够获取有关环境状况和变化趋势的信息，帮助环境保护部门进行环境评估、资源管理和灾害预警。

3. 航天领域

空间运动及目标轨迹识别技术在航天领域中扮演着关键角色。国外研究者利用这些技术进行航天器的轨道测量、姿态控制和导航定位等研究。通过精确识别和预测航天器的轨迹，他们能够实现航天器的精确定位和导航，确保航天任务的成功执行。

4. 科学研究

空间运动及目标轨迹识别技术在科学研究中也得到了广泛应用。国外研究者利用这些技术对天体运动、行星探测和宇宙探索等进行研究。通过分析天体和宇宙物体的轨迹数据，他们能够获取有关宇宙起源、演化和结构的重要信息，推动天文学、宇宙物理学等领域的前沿研究的发展。

5. 航空领域

空间运动及目标轨迹识别技术在航空领域中也发挥着重要作用。国外研究者利用这些技术进行飞行器的轨迹检测、飞行状态评估和飞行路径规划等研究。通过分析飞机、无人机等飞行器的轨迹数据，他们能够提供飞行状态监控和飞行路径优化，提高航空运输的安全性和效率。

6. 资源管理

空间运动及目标轨迹识别技术被广泛应用于资源管理领域。国外研究者利用这些技术进行自然资源的检测与管理，如林业资源、水资源和农业资源等。通过分析目标轨迹和运动模式，他们能够实现对资源利用情况的检测和评估，提供决策支持和帮助资源管理策略的制定。

7. 防灾减灾

空间运动及目标轨迹识别技术在防灾减灾领域具有重要意义。国外研究者利用这些技术进行自然灾害的检测、预测和响应。通过分析目标轨迹和运动模式，他们能够实时检测自然灾害的发生和演化，提前预警并采取相应的紧急响应措施，减少灾害损失。

8. 城市规划

空间运动及目标轨迹识别技术在城市规划中得到广泛应用。国外研究者利用这些技术进行城市交通规划、土地利用规划和城市空间设计等研究。通过分析交通目标的轨迹和运动行为，他们能够评估城市交通需求、优化道路网络和交通设施布局，提高城市交通效率和人员流动性。

9. 社会安全

空间运动及目标轨迹识别技术在社会安全领域发挥重要作用。国外研究者利用这些技术进行犯罪行为分析、恐怖袭击预防和边境安全监控等研究。通过分析犯罪嫌疑人或可疑目标的轨迹数据，能够提供犯罪预测和安全预警，协助执法机构制定有效的安全防范策略和应对措施。

10. 物流和供应链管理

空间运动及目标轨迹识别技术在物流和供应链管理中具有重要应用价值。国外研究者利用这些技术进行货物运输和供应链检测与优化。通过分析物流目标的轨迹和运动数据，他们能够实时跟踪货物的运输状态，提供供应链的可视化管理和实时调度，提高物流效率和可靠性。

11. 精准农业

空间运动及目标轨迹识别技术在精准农业领域中得到广泛应用。国外研究者利用这些技术进行农作物生长检测、灌溉管理和农业机械控制等研究。通过分析农作物目标的轨迹和生长状态，能够实现精确的农作物管理和农田资源的合理利用，提高农业生产效益和可持续发展。

12. 智能交互和人机界面

空间运动及目标轨迹识别技术在智能交互和人机界面中发挥重要作用。国外研究者利用这些技术进行手势识别、行为分析和虚拟现实等研究。通过分析人体运动的轨迹和行为模式，他们能够实现自然的人机交互和沉浸式的虚拟体验，提升用户体验和交互效果。

　　总体而言，国外研究者在空间运动及目标轨迹识别技术的研究和应用方面取得了显著进展。这些技术在观测技术与传感器研究、模式识别与机器学习、自主导航与智能控制等方面得到广泛应用，并在交通管理、环境检测、军事应用、航天领域、科学研究等多个领域产生了深远影响。随着技术的不断发展和创新，空间运动及目标轨迹识别技术将继续在各个领域发挥重要作用，为人类社会的发展和进步提供支持。

第二章　空间目标概述

第一节　空间目标的轨道特征

空间目标是指在宇宙中运动的物体，包括卫星、航天器、小行星、彗星等。这些空间目标具有不同的轨道特征，这些特征对于空间运动及目标轨迹识别技术的研究和应用具有重要意义。

一、轨道类型

（一）圆形轨道

圆形轨道是最简单的一种轨道类型，空间目标沿等距离于中心点的圆形路径运动。这种轨道适用于卫星、空间站等绕地球运行的天体。

首先，圆形轨道的特点之一是稳定运行。在圆形轨道上，空间目标保持恒定的距离和高度，不会出现明显的轨道偏移或变形。这种稳定性对于长期任务和卫星的可靠性至关重要，确保其正常运行和预期的轨道覆盖范围。

其次，圆形轨道的特点之一是保持相同的高度。由于空间目标在圆形轨道上运行，它们始终保持相同的高度。这种高度一致性对于卫星定位、导航和遥感等应用非常重要，因为它可以提供稳定的地球观测和数据收集能力。

再次，圆形轨道的特点之一恒定速度。在圆形轨道上，空间目标以恒定的速度绕中心点运动。这种恒定速度使得轨道分析和预测更加容易，也为航天任务的规划和控制提供了便利。

最后，圆形轨道还具有等距离特性。在圆形轨道上，空间目标与中心点的距离保持恒定。这种等距离特性使得圆形轨道适用于需要保持固定观测范围或通信覆盖范围的任务。在地球观测卫星中，圆形轨道可以提供稳定的地球观测能力。

总结起来，圆形轨道的特点包括稳定运行、相同的高度、恒定速度和等距离。这些特点使得圆形轨道适用于卫星、空间站等绕地球运行的天体。在实际应用中，圆形轨道被广泛用于卫星通信、地球观测、导航系统等领域，为人类探索太空和实现各种航天任务提供了重要支持。

（二）椭圆轨道

椭圆轨道是最常见的轨道类型之一，空间目标绕天体运动的路径呈椭圆形。椭圆轨道的离心率确定了椭圆的形状，离心率为 0 时，椭圆变为圆形轨道；离心率接近 1 时，椭圆变为高度椭圆轨道。

（1）椭圆轨道的形状是椭圆形。椭圆由两个焦点和两个主轴组成，其中一个焦点位于椭圆的中心，另一个焦点为空间目标所绕的天体的位置。

（2）椭圆轨道的离心率决定了椭圆的形状。离心率是一个介于 0 和 1 之间的值，描述了椭圆的扁平程度。当离心率接近 0 时，椭圆轨道接近于圆形轨道，而当离心率越接近 1 时，椭圆轨道变为高度椭圆轨道，即椭圆的长轴与短轴之间的比例越大。

（3）椭圆轨道的特点是轨道参数的变化。与圆形轨道相比，椭圆轨道的轨道参数，如半长轴、半短轴、离心率和倾角等，在运行过程中会发生变化。这意味着空间目标在椭圆轨道上的运动速度和高度都是动态变化的，需要进行轨道动力学分析和计算。

（4）椭圆轨道的特点是运行周期性。由于椭圆轨道是一个封闭曲线，空间目标在绕天体运动时会周期性地重复相同的轨道形状和运动模式。这种周期性运行使得椭圆轨道适用于一些任务，如地球观测卫星，可以在每个运行周期内覆盖地球不同区域。

总结起来，椭圆轨道是一种常见的轨道类型，具有椭圆形状、离心率决定的形状变化、轨道参数的动态变化和周期性运行等特点。在实际应用中，椭圆轨道被广泛应用于卫星通信、导航系统、地球观测和深空探测等任务，为人类的航天活动提供了重要支持。

（三）环形轨道

环形轨道是一种特殊的椭圆轨道，其离心率接近于1，使得椭圆的长轴趋近于无穷大，从而形成接近于环形的路径。环形轨道在空间目标的运行过程中具有以下特点。

1. 极高的稳定性

由于离心率接近于1，环形轨道的长轴趋近于无穷大，轨道的形状几乎是一个圆环。这种轨道形状使得空间目标能够保持相对固定的距离和角度，具有极高的稳定性，适用于需要保持稳定轨道的应用。

2. 运行速度相对稳定

在环形轨道上，空间目标的运行速度相对稳定，因为离心率接近1，轨道参数的变化较小。这使得环形轨道适用于需要稳定通信和导航的卫星任务，因为相对稳定的速度可以更好地满足通信和导航系统的要求。

3. 固定的高度

由于环形轨道的形状近似为一个圆环，空间目标在轨道上的高度保持相对恒定。这种固定的高度使得环形轨道适用于一些特定的任务，如地球观测卫星，可以在固定高度上对地球进行连续观测。

4. 需要精确的轨道控制

由于环形轨道要求离心率接近于1，需要对空间目标进行精确的轨道控制和调整，以确保轨道参数的稳定性。轨道控制包括推进系统的精确控制和姿态调整等，以维持空间目标在环形轨道上的运行状态。

总结起来，环形轨道是一种特殊的椭圆轨道，具有稳定性高、速度相对稳定、固定高度和需精确轨道控制等特点。这种轨道类型适用于需要保持稳定轨道的应用，如通信卫星和导航卫星等。通过精确的轨道控制，空间目标能够在环形轨道上实现稳定运行，为各种航天任务提供可靠的支持。

（四）真近地点轨道

真近地点轨道（Perigee Passage Orbit）是一种近地轨道，空间目标在运动过程中离地球最近的点称为真近地点。真近地点轨道广泛应用于地球观测和卫星导航等领域。

（1）真近地点轨道具有较低的轨道高度。相比于其他轨道类型，真近地点轨道的轨道高度相对较低，使得空间目标能够更接近地球表面。这种低轨道高度使得真近地点轨道适用于地球观测任务，可以提供更高分辨率的地球影像和数据。

（2）真近地点轨道具有较短的周期时间。由于轨道高度较低，空间目标在真近地点轨道上的运行速度相对较快。这导致轨道周期时间较短，空间目标能够更频繁地经过真近地点，提供更密集的数据采集和观测机会。

（3）真近地点轨道需要进行轨道控制和调整。由于低轨道高度和较快的运行速度，真近地点轨道对轨道控制和调整的要求较高。空间目标需要通过推进系统和姿态调整等手段，确保轨道参数的稳定性和精确性。

（4）真近地点轨道广泛应用于地球观测和卫星导航等领域。地球观测卫星通常采用真近地点轨道，以获取高分辨率的地球影像、地形数据和环境检测等信息。卫星导航系统中的导航卫星也常使用真近地点轨道，以提供全球范围内的精确定位和导航服务。

总结而言，真近地点轨道是一种近地轨道，具有低轨道高度、短周期时间和较高的轨道控制要求等特点。这种轨道类型广泛应用于地球观测和卫星导航等领域，为获取高分辨率的地球数据和提供精确定位服务发挥重要作用。通过在真近地点轨道上的运行，空间目标能够实现对地球的快速观测和广域覆盖，为科学研究、资源管理和应急响应等领域提供支持。

（五）高度椭圆轨道

高度椭圆轨道是一种特殊的椭圆轨道，其离心率接近于1，轨道的长轴远大于短轴，呈现高度椭圆形状。高度椭圆轨道常用于跨越不同高度区域的卫星通信和导航系统。

（1）高度椭圆轨道具有较高的轨道高度差。由于离心率接近于1，高度椭圆轨道的长轴远大于短轴，使得空间目标在轨道上能够跨越不同高度区域。这种特点使得高度椭圆轨道适用于卫星通信和导航系统。通过在轨道上移动，卫星可以实现覆盖不同地理区域的通信和导航服务。

（2）高度椭圆轨道具有变化的运行速度。由于轨道的形状是椭圆，空间目标在轨道上的运行速度会随着位置的变化而变化。当空间目标接近椭圆轨道的近地点时，退行速度较快；当接近远地点时，退行速度较慢。这种变化的运行速度可以被利用于卫星通信和导航系统中，以实现更精确的通信定位和导航服务。

（3）高度椭圆轨道对轨道控制和保持的要求较高。由于离心率接近于1，轨道形状较为细长，空间目标在轨道上的位置和速度变化较为敏感。因此，对于高度椭圆轨道的空间目标，需要进行精确的轨道控制和调整，以保持轨道参数的稳定性和精确性。

（4）高度椭圆轨道在卫星通信和导航系统中得到广泛应用。由于其能够跨越不同高度区域并具有变化的运行速度，高度椭圆轨道为卫星通信和导航系统提供了灵活的覆盖范围和精确的定位能力。卫星通信系统可以通过在高度椭圆轨道上部署多颗卫星，实现全球范围内的通信覆盖。导航系统中的卫星可以利用高度椭圆轨道的变化运行速度，提供更精确的定位和导航服务。

二、轨道参数

（一）轨道倾角

轨道倾角是空间目标轨道特征中的一个重要参数，用于描述轨道与参考平面之间的夹角。它表示了轨道相对于地球赤道的倾斜程度，并对空间目标的轨道运行和任务执行产生重要影响。

（1）轨道倾角的定义和测量方法是了解轨道倾角的基础。轨道倾角是轨道平面与地球赤道面之间的夹角，通常以度数或弧度表示。轨道倾角的测量可以通过测量轨道上某个参考点在两个相对平面上的投影，再计算其夹角来实现。这个参考点可以是空间目标轨道上的升交点（Ascending Node），即轨道与地球赤道平面的交点。

（2）轨道倾角对轨道的特征和任务执行有重要影响。轨道倾角决定了轨道的性质和应用范围。对于低轨道倾角，轨道接近于赤道平面，空间目标在轨道上运动时跨越的地理区域相对较小，适用于需要全球范围覆盖的通信和导航系统。而对于高轨道倾角，轨道与赤道平面的夹角增大，空间目标在轨道上运动时可覆盖更广阔的地理区域，适用于地球观测和遥感等应用。

（3）轨道倾角对轨道的稳定性和资源利用有影响。较小的轨道倾角能够提供更好的稳定性，因为它们对地球引力场的扰动较小，轨道维持相对稳定。此外，较小的轨道倾角还可以减小轨道上空间目标与其他目标的碰撞风险，增加轨道资源的利用率。

（4）轨道倾角的选择需要考虑多种因素。轨道倾角的选择需要综合考虑任务需求、覆盖范围、资源利用以及轨道控制等方面的因素。不同的应用领域和任务目标可能对轨道倾角有不同的要求。例如，通信和导航系统通常偏向于选择低轨道倾角以实现全球范围覆盖，而地球观测和遥感系统可能会选择较高的轨道倾角以覆盖更广阔的地理区域。

（二）近地点高度

近地点高度是指空间目标在轨道上离地球表面最近点的高度。它是衡量轨道离地球表面的最小距离，通常以公里或海里为单位。近地点高度直接影响轨道的形状和特性，对于卫星运行和任务执行具有重要影响。

（1）近地点高度直接决定了轨道的形状。较低的近地点高度会导致轨道更接近地球表面，形状更为弯曲；而较高的近地点高度会使轨道更远离地球表面，形状更为平坦。这意味着近地点高度越低，轨道的弯曲程度就越大，轨道的速度变化也更显著。因此，近地点高度对于确定轨道的运动特性和动力学行为非常重要。

（2）近地点高度还与轨道的稳定性和安全性密切相关。较低的近地点高度使轨道更容易受到大气阻力和摄动的影响，导致轨道的衰减和不稳定。对于长期运行的卫星，特别是低轨道卫星，需要注意近地点高度的选择，以确保轨道的稳定性和持续性。

（3）近地点高度对于任务执行具有重要影响。不同类型的任务对近地点高度有不同的要求。如观测卫星通常需要较低的近地点高度，以获得更高分辨率的观测数据；通信卫星通常需要较高的近地点高度，以确保良好的通信覆盖范围；而导航卫星则需要平均的近地点高度，以实现全球导航覆盖。

（4）近地点高度还与空间目标的安全性和碰撞避免有关。在轨道设计和运行过程中，需要考虑与其他空间目标的安全距离，以避免可能的碰撞事件。近地点高度的选择可以通过调整轨道的倾角和升交点赤经等参数来实现。

（三）远地点高度

远地点高度是描述空间目标轨道上离地球表面最远点的高度，也称为远地点轨道高度。它与近地点高度相对应，共同定义了轨道的形状和特性。远地点高度对于轨道的运动特性、轨道形状以及任务执行等方面具有重要意义。

（1）远地点高度决定了轨道的最大距离。较低的远地点高度意味着轨道在远地点附近离地球表面较近，形状更为弯曲；而较高的远地点高度使轨道在远地点处远离地球表面，形状更为平坦。因此，远地点高度决定了轨道的极点位置和轨道的最大距离。

（2）远地点高度影响轨道的性质和应用。不同类型的任务对远地点高度有不同的要求。如地球观测卫星通常需要较高的远地点高度，以覆盖更广阔的地球表面区域；通信卫星通常需要较低的远地点高度，以确保较小的信号传输延迟；而导航卫星则需要适中的远地点高度，以实现全球导航覆盖和精确定位。

（3）远地点高度也与轨道的稳定性和安全性密切相关。较低的远地点高度使轨道更容易受到大气阻力和摄动的影响，导致轨道的衰减和不稳定。选择合适的远地点高度可以确保轨道的稳定性，延长卫星的使用寿命和任务执行时间。

（4）远地点高度在轨道设计和运行中还考虑了与其他空间目标的安全距离和碰撞避免。合理选择远地点高度可以确保轨道与其他卫星或空间物体的交会概率较低，减小碰撞风险。

（四）轨道周期

轨道周期是指空间目标完成一次完整轨道运动所需的时间。它取决于轨道的大小、形状和高度等因素。轨道周期可以用来计算空间目标的平均运动速度和轨道周期内的位置变化。

（1）轨道周期是衡量轨道运动速度和周期性的重要参数。轨道周期的计算基于空间目标绕行轨道所需的时间，并与轨道的大小、形状和高度等因素密切相关。

（2）轨道周期的计算可以基于开普勒定律和牛顿运动定律。根据开普勒第三定律，轨道周期的平方与轨道半长轴的立方成正比。这意味着轨道周期随着轨道半长轴的增加而增加。而根据牛顿运动定律，轨道周期还受到天体质量和引力常数的影响。

（3）轨道周期对于空间目标的运行和任务规划具有重要意义。通过了解轨道周期，可以计算出空间目标在特定时间点的位置和速度，进行导航、通信和观测等任务。轨道周期还可以用于计算空间目标在轨道上的能量变化和潜在的能源消耗，对于任务规划和资源管理至关重要。

（4）轨道周期还与轨道稳定性和安全性相关。在设计轨道时，需要考虑空间目标与其他卫星、太空碎片和天体物体的交会概率和碰撞风险。合理选择轨道周期可以确保空间目标与其他物体的安全距离，减小碰撞的潜在风险。

三、轨道要素

空间目标的轨道特征可以通过一系列轨道要素来描述。这些轨道要素提供了对空间目标运行轨道的基本信息，包括轨道的形状、位置和运动状态。以下是常见的轨道要素。

（一）半长轴

半长轴是指轨道椭圆的长轴的一半长度。它是椭圆轨道的一个重要参数，决定了轨道的大小和形状。半长轴与轨道周期、离心率等参数之间存在一定的数学关系。

半长轴是描述椭圆轨道大小和形状的重要参数。它是椭圆轨道长轴的一半长度，用符号"a"表示。半长轴决定了轨道的大小和形状。在椭圆轨道中，半长轴是从轨道椭圆中心到近地点或远地点的距离。

半长轴与轨道周期之间存在着数学关系。根据开普勒第三定律，轨道周期的平方与轨道半长轴的立方成正比。具体而言，轨道周期的平方等于 $4\pi^2$ 除以引力常数乘以地球质量的倒数，再乘以轨道半长轴的立方。这个关系表明，半长轴的增加导致轨道周期的延长，轨道的大小也随之增加。

半长轴的大小对轨道形状有重要影响。当半长轴较大时，轨道呈现出较为圆形的形状，离心率较低，轨道的形状接近于圆形轨道。相反，当半长轴较小时，轨道呈现出更为椭圆的形状，离心率较高，轨道的形状接近于高度椭圆轨道。通过调整半长轴的大小，可以使轨道形状适应不同的需求和应用。

半长轴的选择对于不同的任务和应用具有重要意义。较大的半长轴可使轨道更稳定，适用于需要长时间稳定运行的卫星任务，如地球观测卫星。较小的半长轴可使轨道更接近地球表面，适用于近地轨道任务，如通信卫星和导航卫星。半长轴的选择需要综合考虑任务需求、轨道稳定性和能源消耗等因素。

（二）离心率

离心率是描述椭圆轨道形状的一个重要参数。它表示轨道的偏心程度，也即椭圆轨道长轴和短轴之间的比值。离心率的取值范围在 0~1。离心率为 0 时，轨道是一个圆形；离心率接近 1 时，轨道是一个椭圆。

离心率为 0 时，轨道呈现圆形。在圆形轨道中，轨道半长轴与半短轴相等，轨道形状非常接近于一个完全的圆。圆形轨道的离心率为 0，表示轨道上的空间目标与中心点的距离始终保持不变。

离心率接近于 1 时，轨道呈现高度椭圆形状。高离心率的椭圆轨道长轴远大于短轴，轨道的形状更加椭圆化，轨道的偏心程度更高。高度椭圆轨道通常用于跨越不同高度区域的卫星通信和导航系统。在轨道上，空间目标在远地点和近地点之间快速移动，速度变化较大。

离心率对轨道的倾斜程度和运动速度都有影响。当离心率较低时，轨道接近圆形，倾斜程度较小，空间目标在轨道上的运动速度相对稳定。而当离心率较高时，轨道呈现椭圆形状，倾斜程度较大，空间目标在轨道上的运动速度会发生较大变化，速度最快时接近远地点，速度最慢时接近近地点。

离心率的选择对于不同的应用和任务具有重要意义。较小的离心率适用于需要稳定轨道运行和精确位置控制的应用，如地球观测卫星。较大的离心率适用于需要覆盖广阔地域范围和高速运动的应用，如通信卫星和导航卫星。离心率的选择需要综合考虑任务需求、轨道稳定性和能源消耗等因素。

离心率影响轨道的倾斜程度和运动速度。离心率的选择与应用需求密切相关，不同离心率的轨道适用于不同的应用和任务。

（三）升交点赤经

升交点赤经是指轨道与地球赤道相交的地点的经度。它定义了轨道在赤道平面上的起始位置。升交点赤经通常以角度的形式表示，可以用度数或弧度来度量。测量升交点赤经的方法通常涉及确定轨道上的升交点与一个已知地理位置的经度差。

升交点赤经对轨道的特征和任务执行具有重要影响。它决定了轨道在空间中的方向和轨道平面与赤道的相对位置。具有不同升交点赤经的轨道将呈现不同的方向性和空间覆盖特性。通过调整升交点赤经，可以实现轨道的特定定位和任务要求。如在地球观测和遥感应用中，通过选择适当的升交点赤经，可以实现对特定地理区域的高分辨率观测和数据收集。

升交点赤经对轨道的定位和航天任务具有重要意义。它可以用于确定轨道在地球坐标系中的位置和方向，为航天任务的轨道规划、导航和控制提供重要依据。升交点赤经的确定还可以帮助进行轨道调整和升空部署，以满足特定的任务需求。同时，升交点赤经的测量和计算精度对于轨道的精确定位和任务执行的成功至关重要。

升交点赤经的选择需要考虑多个因素。第一，任务的需求是决定升交点赤经的主要因素之一。根据任务要求和目标定位，选择适当的升交点赤经来满足特定的空间覆盖和数据获取需求。第二，轨道的稳定性和资源利用也需要考虑。特定的升交点赤经可能对轨道的稳定性和资源利用产生影响，因此需要综合考虑这些因素进行选择。

升交点赤经是描述轨道与地球赤道交点经度的重要参数。它对轨道的定位、任务执行和轨道规划具有重要意义。通过选择适当的升交点赤经，可以实现轨道的定向和满足任务要求。升交点赤经的测量和计算精度对于轨道的精确定位和任务执行的成功至关重要。在选择升交点赤经时，需要综合考虑任务需求、轨道稳定性、资源利用等多个因素，以确保轨道的最佳性能和任务执行的成功。

（四）升交点时间

升交点时间是空间目标在轨道上通过地球赤道的时间点。它与升交点赤经一起，可以确定轨道在空间中的方向和位置。

升交点时间是指空间目标在轨道上通过地球赤道的特定时间点。在地球自转的过程中，当空间目标所在的轨道与地球赤道相交时，即形成升交点。升交点时间用来确定轨道的位置和方向，以及进行轨道的计算和预测。

升交点时间与轨道周期、轨道倾角等参数密切相关。轨道周期是空间目标完成一次完整轨道运动所需的时间，而轨道倾角是轨道与地球赤道之间的夹角。升交点时间取决于轨道周期和轨道倾角，不同的轨道参数会产生不同的升交点时间。

升交点时间对于航天任务和卫星运行非常重要。它可以用来确定轨道上的特定时刻，从而进行航天器的轨道控制、数据采集、通信传输等操作。升交点时间的准确计算和预测对于航天任务的成功执行至关重要。

升交点时间的计算通常依赖于精确的天文数据和轨道参数。天文学家和航天工程师利用卫星测量、地面观测和数学模型等手段，来确定空间目标在轨道上的升交点时间。

升交点时间与轨道周期、轨道倾角等参数密切相关，可以确定轨道的位置和方向。升交点时间对于航天任务和卫星运行具有重要意义，需要通过精确的天文数据和轨道参数进行计算和预测。

（五）平近点角

平近点角描述了轨道上的点与近地点之间的角度差。它表示了空间目标在轨道上相对于近地点的位置。

首先，平近点角是通过测量轨道上的特定点与近地点之间的角度差来定义的。近地点是轨道上距离地球表面最近的点，平近点角表示了该点相对于近地点的位置。在平近点角的计算中，通常使用角度单位来度量这个角度差。

其次，平近点角的数值取决于轨道的形状和位置。在圆形轨道中，平近点角为零，因为轨道上的任意点与近地点之间的角度是恒定的。然而，在椭圆轨道中，平近点角的数值会随着轨道上不同点的位置而变化。当点靠近近地点时，平近点角较小；当点靠近远地点时，平近点角较大。这是因为椭圆轨道上的点离近地点越远，其与近地点之间的角度差就越大。

再次，平近点角在轨道分析和计算中起着重要的作用。通过测量和计算平近点角，可以确定轨道上的特定位置，并用于轨道的精确定位和计算。平近点角还与轨道的周期和倾角等参数密切相关，通过对平近点角的分析，可以深入了解轨道的性质和特征。

最后，计算平近点角通常需要使用轨道参数和天文数据。通过精确的测量数据和准确的数学模型，可以确定空间目标在轨道上不同位置的平近点角。这对于轨道设计、航天器控制和轨道变更等方面都具有重要的参考价值。

第二节　空间目标的动力学特征

　　空间目标的动力学特征是指描述其运动和力学性质的参数和特性。这些特征涵盖了空间目标在轨道上的运动行为、力学的作用以及对轨道的稳定性和控制的影响。

一、运动状态

　　运动状态描述了空间目标在空间中的位置、速度和加速度等信息。它是对空间目标动力学特征最基本的描述。通过运动状态可以了解空间目标的位置变化、速度变化以及受到的力的影响。

（一）位置

　　位置是指空间目标在空间中的几何坐标。通常使用三维笛卡尔坐标系来表示空间目标的位置，该坐标系由三个相互垂直的轴（通常为 X 轴、Y 轴和 Z 轴）组成。通过在这些轴上的数值来描述目标的位置。如在地球坐标系中，可以以地球的中心作为原点，地球赤道面与黄道面的交点作为 X 轴的正方向，经过 0 度经线的平面作为 Y 轴的正方向，垂直于赤道面的轴作为 Z 轴的正方向。

　　位置通常使用长度单位来表示，如米（m）或千米（km）。具体的单位选择取决于应用的需求和精度要求。如对于近地轨道的卫星，常常使用米作为位置的单位；而对于距离较远的天体，如行星或恒星，可能会选择以千米或更大的单位来表示位置。

　　位置的确定需要基于适当的参考系和坐标转换。如在地球坐标系中确定空间目标的位置时，需要考虑地球的形状、坐标系的选择以及坐标转换的数学模型。同时，还需要考虑空间目标所处的轨道类型和姿态信息等因素。

　　位置的精确度对于空间任务的规划和执行至关重要。高精度的位置信息可以帮助确定空间目标与其他目标或特定地点之间的相对位置，为导航、遥感观测、姿态控制和碰撞避免等任务提供准确的参考。因此，精确测量和计算位置是航天任务中的重要任务之一。

（二）速度

速度是指空间目标在空间中的运动速率。它描述了空间目标位置随时间的变化率。速度是一个矢量，具有大小和方向。速度的大小表示目标单位时间内所移动的距离，而速度的方向表示目标移动的方向。通常使用三维笛卡尔坐标系来表示速度矢量的三个分量，分别沿着 X 轴、Y 轴和 Z 轴。

速度可以分为瞬时速度和平均速度。瞬时速度是在某个时间点上的瞬时运动速率，可以通过计算目标在该时间点附近的位置变化率来获得。平均速度是在一段时间内的平均运动速率，可以通过计算目标在该时间段内的位移与时间的比值来获得。

速度的单位通常是米每秒（m/s）或千米每小时（km/h）。选择适当的单位取决于应用的需求和精度要求。在航天领域，通常使用米每秒作为速度的单位。

速度对于空间任务的执行和控制至关重要。精确的速度测量和控制可以实现航天器的轨道规划、轨道调整、姿态控制和导航等任务。速度的变化可以受到多种因素的影响，包括重力场、推进剂的使用、空气阻力等。因此，在航天任务中，对速度的测量、检测和控制具有重要意义。

（三）加速度

加速度是指空间目标在空间中的运动加速度，它描述了速度随时间的变化率。加速度是一个矢量，具有大小和方向。当空间目标的速度增加时，加速度为正，表示加速；当速度减小时，加速度为负，表示减速。加速度的单位通常是米每二次方秒（m/s²）或千米每二次方小时（km/h²）。

加速度与目标所受到的力的关系密切。根据牛顿第二定律，加速度与力之间存在直接的关系。当空间目标受到力的作用时，它将产生加速度，加速度的大小与施加在目标上的力成正比，与目标的质量成反比。因此，通过控制施加在空间目标上的力，可以实现对其加速度的控制。

加速度对于轨道规划、姿态控制和能量管理等方面具有重要影响。在轨道规划中，通过调整加速度的大小和方向，可以实现目标在轨道上的特定运动行为，如调整轨道形状、变更轨道高度等。在姿态控制中，加速度的控制可以影响目标的姿态变化，使其保持稳定或进行特定的姿态变换。在能量管理中，通过控制加速度的大小和时机，可以优化目标的能量消耗，延长任务的持续时间。

测量和控制加速度是航天任务中的重要任务之一。精确的加速度测量可以提供对目标运动状态的准确了解，为轨道规划和任务执行提供依据。控制加速度可以实现目标的精确定位、轨道调整、姿态控制等。

（四）运动轨迹

运动轨迹是空间目标在空间中的路径，它描述了目标从一个位置到另一个位置的路径。运动轨迹可以是直线、曲线或复杂的非线性轨迹，具体取决于空间目标所处的轨道类型和运动状态。

运动轨迹的形状与空间目标所处的轨道类型密切相关。根据轨道的形状，运动轨迹可以分为多种类型，包括圆形轨道、椭圆轨道、抛物线轨道和双曲线轨道等。在圆形轨道中，空间目标将沿着一个连续的圆形路径运动。在椭圆轨道中，运动轨迹将是一个椭圆形路径，其目标将在近地点和远地点之间来回运动。而在抛物线轨道和双曲线轨道中，运动轨迹将是相应形状的曲线路径。

运动轨迹的确定需要考虑空间目标的运动状态和轨道参数。运动状态包括位置、速度和加速度等信息，而轨道参数包括轨道形状、轨道倾角、轨道周期等。通过对这些参数的分析和计算，可以确定空间目标的运动轨迹。

运动轨迹对于航天任务和空间目标的控制具有重要意义。对于航天任务来说，了解和预测目标的运动轨迹可以帮助进行任务规划、导航和轨道调整等工作。对于空间目标的控制来说，需要根据运动轨迹的要求来调整目标的姿态、速度和加速度等参数，以实现预期的运动轨迹。

二、动力学力量

空间目标在轨道上受到多种力量的作用，包括引力、离心力、摩擦力等。引力是主要的力量，它使空间目标保持在轨道上并决定了其运动状态。其他力量也会对轨道产生扰动，如离心力和摩擦力，影响轨道的稳定性和持续性。

（一）引力是空间目标在轨道上受到的主要力量

根据万有引力定律，地球对空间目标施加引力，使其保持在轨道上运动。引力的大小取决于空间目标和地球的质量以及它们之间的距离。引力的作用是使空间目标向地球中心方向运动，并保持其围绕地球的轨道。

引力是由质量之间的相互吸引而产生的力量。根据万有引力定律，任何两个物体之间都存在引力，其大小与它们的质量成正比，与它们之间的距离的平方成反比。在空间目标的情况下，地球对其施加引力，是由于地球的质量较大而空间目标的质量较小，因此地球对空间目标施加的引力远大于空间目标对地球的引力。

引力的作用是使空间目标向地球中心方向运动，并保持其在轨道上的运动。当空间目标处于轨道上时，引力的大小与空间目标与地球之间的距离有关。当空间目标离地球较近时，引力较大，使得空间目标受到向地球中心的加速度，从而保持在轨道上。当空间目标离地球较远时，引力较小，但仍然足够使空间目标受到向地球中心的引力，从而保持轨道的稳定性。

引力对空间目标的运动具有重要影响。引力的大小和方向决定了空间目标在轨道上的速度和加速度。在圆形轨道中，引力的大小恒定，使空间目标保持匀速圆周运动。在椭圆轨道中，引力的大小和方向随着空间目标在轨道上的位置变化，使其在近地点时速度增加，在远地点时速度减小。

引力的理解和分析对于航天器的轨道设计、轨道控制和任务规划至关重要。准确估计引力对轨道的影响可以帮助确定合适的发射方案、轨道参数和姿态控制策略。引力也是进行轨道修正和轨道变更的关键因素，通过合理地利用引力可以实现轨道调整和能量管理，以提高任务的效率和成果。

引力对空间目标的运动状态、轨道特征和稳定性产生重要影响。对引力的深入研究和理解有助于优化航天器的设计和运行，实现更高效和可靠的空间任务。

（二）离心力是另一个影响空间目标运动的力量

离心力是由于空间目标在轨道上绕地球旋转而产生的惯性力。它的大小取决于轨道的形状和目标的运动速度。离心力的作用是使空间目标远离地球的中心，产生离心效应。在椭圆轨道上，离心力导致轨道的远地点和近地点之间的距离发生变化。

离心力是由于空间目标在轨道上绕地球旋转而产生的一种惯性力。当空间目标在轨道上运动时，它具有向外的惯性，试图使其离开地球的中心。这种离心力的大小与目标的质量和运动速度有关。

离心力的大小取决于轨道的形状和目标的速度。在椭圆轨道上，离心力是变化的，当目标距离地球较近时，速度较大，离心力较大，使得目标远离地球中心；当目标距离地球较远时，速度较小，离心力减小，使得目标靠近地球中心。在圆形轨道上，离心力的大小恒定为零，因为目标在圆周运动中保持恒定的速度，没有向外的离心趋势。

离心力对空间目标的轨道稳定性和形状产生影响。在椭圆轨道上，离心力导致轨道的形状发生变化，使得轨道的远地点和近地点之间的距离产生周期性的变化。这种变化可以影响轨道的周期和倾斜度，进而影响空间目标的运行和任务规划。

离心力的理解和分析对于轨道设计和航天任务至关重要。在轨道规划和控制中，需要综合考虑引力和离心力的影响，以确定适当的轨道参数和控制策略。此外，离心力还可以被利用实现特定的轨道调整和能量管理，如通过飞越近地点或远地点来改变轨道形状和能量状态。

离心力是影响空间目标运动的另一个重要力量，它是由于目标在轨道上的惯性而导致的向外的力。离心力的大小与轨道形状和目标速度相关，它对轨道的稳定性和形状产生影响，并需要在轨道设计和任务规划中予以考虑和管理。

（三）摩擦力是空间目标在轨道上受到的阻力力量

摩擦力是空间目标在轨道上受到的阻力力量，它主要由空气分子与目标表面之间的碰撞引起。当空间目标在较低的轨道高度运动时，它会进入大气层中，与大气分子发生碰撞，从而产生摩擦力。

摩擦力的大小与多个因素相关。一是大气密度，即单位体积大气层中分子的数量。较低的轨道高度对应着更高的大气密度，因此在较低轨道高度上摩擦力较大。二是目标的速度，速度越快，与大气分子的碰撞频率越高，摩擦力也越大。三是轨道高度，较高的轨道高度意味着较低的大气密度，从而减小了摩擦力的影响。

摩擦力的作用是使轨道能量逐渐减小，导致轨道高度下降。这种轨道衰减过程被称为大气层再入。随着轨道高度的逐渐下降，摩擦力逐渐增大，最终达到足够大的程度，使空间目标进入大气层并经历高温和高压的环境，引起燃烧和破坏。

摩擦力对于空间目标的轨道稳定性和任务规划具有重要影响。它限制了空间目标在较低轨道高度上的寿命，需要进行轨道补偿和维持。为了克服摩擦力的影响，可能需要进行轨道提升或定期的轨道调整。此外，摩擦力的分析和建模也是航天器设计和再入过程的重要考虑因素。

摩擦力是空间目标在轨道上受到的阻力力量，由于与大气分子的碰撞而产生。它的大小取决于大气密度、目标速度和轨道高度。摩擦力会导致轨道能量逐渐减小，轨道高度下降，最终引起空间目标重返大气层并燃烧。摩擦力对于轨道稳定性和任务规划具有重要影响，需要进行相应的补偿和调整。

（四）其他

还有其他一些力量也会对空间目标的运动产生影响，如太阳光压力和地球的扁球引力等。

太阳光压力是另一个影响空间目标运动的力量。太阳光压力是指太阳光粒子对空间目标表面施加的压力。当太阳光照射到空间目标的表面时，光粒子会与目标表面发生碰撞，施加一个微小的压力。虽然太阳光压力很小，但在长时间的作用下，它会对轨道产生明显影响。太阳光压力的作用是使轨道发生微小的偏离，这需要进行轨道修正来保持目标的轨道稳定性。

地球的扁球引力也会对空间目标的运动产生影响。地球并不是一个完全规则的球体，它的赤道部分稍微扁平，南北极部分稍微突出。这种扁球形状导致地球的引力在不同位置和高度上略有差异。空间目标在不同位置和高度上受到的地球引力也会有所不同，这会对其轨道产生影响。扁球引力会导致轨道发生扭曲和偏离，需要进行精确的轨道计算和调整来确保轨道稳定性和准确性。

空间目标在轨道上还可能受到其他力量的作用，如大气层中的风阻力、地球磁场的影响等。风阻力是指空气在目标运动过程中产生的阻力，它主要影响低轨道飞行器和返回舱等进入大气层的航天器。地球磁场的影响主要体现在带电粒子与磁场相互作用时产生的磁场力，它对带电粒子的轨迹和运动状态有影响。

所有这些力量的综合作用决定了空间目标的运动轨迹和运动状态。在航天任务的规划和执行过程中，需要对这些力量进行精确的建模和计算，以确保目标的轨道稳定性、精确性和安全性。

除了引力、离心力和摩擦力外，太阳光压力、地球的扁球引力、风阻力和地球磁场等力量也会对空间目标的运动产生影响。这些力量需要进行综合考虑和建模，以确保轨道的稳定性和任务的顺利进行。

三、弦矢量

（一）弦矢量描述空间目标轨道位移的向量

弦矢量是空间目标在轨道上的位移向量，用于描述目标从一个位置移动到另一个位置的过程。它连接轨道上的两个时间点，并表示位移的大小和方向。

弦矢量通常使用三维笛卡尔坐标系来表示，其中 X、Y 和 Z 分量分别对应空间目标在空间中的位移。通过计算轨道上不同时间点的弦矢量，我们可以了解空间目标在轨道上的位移信息，包括目标从起始点到终止点的移动路径和距离。

弦矢量的计算可以利用空间目标在不同时间点的位置坐标来获得。通过减去起始点和终止点的位置坐标，我们可以得到位移向量的大小和方向。

弦矢量在空间目标的轨道分析、导航和轨道规划中具有重要作用。它提供了目标在轨道上的位置变化信息，可以用于计算速度、加速度和角速度等动力学参数，进而帮助控制和管理空间目标的运动状态。

弦矢量是描述空间目标轨道位移的向量，通过连接轨道上两个时间点的位置来表示位移的大小和方向。它是轨道分析和运动状态计算的重要工具，为理解和控制空间目标的动力学特征提供了基础。

（二）弦矢量在轨道动力学中起着重要的作用

（1）弦矢量是计算轨道速度的基础。通过测量两个时间点之间的位移和时间间隔，我们可以计算出平均速度。平均速度表示单位时间内的位移量，是描述物体在轨道上运动速率的重要参数。通过连续测量不同时间点的位移，我们可以计算出瞬时速度，即某一时间点的瞬时运动速率。瞬时速度可以提供更精确的速度信息，帮助我们更准确地了解空间目标在轨道上的运动状态。

（2）弦矢量也对轨道加速度的计算具有重要意义。通过计算相邻时间点的瞬时速度之差，我们可以获得瞬时加速度，即速度随时间的变化率。加速度是描述物体运动快慢变化的物理量，它反映了空间目标在轨道上的加速或减速情况。瞬时加速度的计算可以帮助我们分析轨道上的加速和减速过程，进一步了解空间目标的动力学特征。

（3）弦矢量不仅可以用于计算速度和加速度，还可以用于估计轨道的曲率和弯曲程度。通过测量不同时间点的弦矢量，我们可以获得轨道的弯曲情况。这对于轨道规划、姿态控制和导航等方面非常重要，可以帮助我们优化轨道设计和预测空间目标在轨道上的运动轨迹。

（4）弦矢量的计算需要准确地测量数据和精确地计算时间间隔。因此，精密的测量设备和时间同步技术对于获得准确的弦矢量数据至关重要。弦矢量的应用广泛，涵盖了轨道动力学分析、航天器导航、任务规划和轨道控制等领域，对于提高空间目标的运动控制和轨道管理能力具有重要意义。

总的来说，弦矢量在空间目标的动力学特征中具有重要作用。它不仅用于计算速度和加速度等动力学参数，还在轨道轨迹分析、姿态控制、导航和定位系统及轨道分析和性能评估中发挥着关键作用。通过准确测量和计算弦矢量，我们可以更好地理解和控制空间目标在轨道上的运动行为，为航天任务的成功实施提供支持。

（三）弦矢量用于分析空间目标的运动轨迹和变化趋势

通过绘制连续时间点上的弦矢量，可以描绘出空间目标在轨道上的运动路径。有助于研究目标的运动规律、轨道偏差及可能的修正需求。

（1）弦矢量的连续绘制可以提供空间目标运动轨迹的可视化表示。通过记录不同时间点的位置信息，并将它们连接起来，我们可以得到一系列相邻弦矢量所组成的轨迹。这些轨迹可以显示出空间目标在轨道上的移动路径，以及随时间变化的趋势。通过观察轨迹的形状和变化，我们可以获取关于目标运动行为的重要信息，例如周期性变化、周期缩短或延长、轨道偏离等。

（2）弦矢量的分析可以帮助我们研究空间目标的轨道变化趋势。通过观察相邻弦矢量之间的变化，我们可以推断出轨道上的速度和加速度变化。如果弦矢量的长度逐渐增加，则表示目标的速度在增加；如果弦矢量的方向发生变化，则表示目标的运动方向发生了改变。这些变化趋势的分析可以帮助我们了解目标在轨道上的运动特性，例如是否受到外部扰动、是否需要进行轨道修正及如何优化轨道控制。

（3）弦矢量的变化趋势分析对于轨道规划和任务设计非常重要。通过分析弦矢量的变化，我们可以预测目标未来的轨道位置和运动状态。这有助于确定最佳的任务执行时机、轨道调整策略以及资源利用规划。如果弦矢量的变化趋势表明目标即将偏离轨道，我们可以计划相应的轨道修正操作以确保目标保持在预定轨道上。

（4）弦矢量的分析还可以用于评估轨道的稳定性和持续性。通过观察弦矢量的长度和方向的变化，我们可以判断目标在轨道上受到的各种力量的影响程度。如果弦矢量的长度和方向变化较小，则表示目标的轨道比较稳定；如果变化较大，则表示目标可能面临着较大的轨道偏离和不稳定性。这种评估有助于我们确定是否需要进行轨道修正或调整，并采取相应的措施来保持目标的轨道稳定。

弦矢量的分析在空间目标的动力学特征中起着关键作用。通过绘制弦矢量、分析其变化趋势以及应用于轨道规划和任务设计，我们能够获得关于空间目标的运动轨迹、变化趋势和稳定性的重要信息。这些信息对于理解和控制空间目标的运动非常关键。

（四）弦矢量的计算和分析需要准确地测量数据和精确的轨道模型

由于轨道上的各种力量的作用，如引力、离心力和摩擦力等，空间目标的运动状态会发生变化，因此需要进行动力学建模和仿真分析，以更好地理解和预测目标的轨道运动。

（1）弦矢量的计算和分析需要准确的测量数据。在轨道动力学研究中，我们需要获取空间目标在不同时间点的位置信息。可以通过卫星追踪系统、地面测量站或其他测量设备来实现。测量数据的准确性对于弦矢量的计算和分析至关重要，因为任何测量误差都会影响到弦矢量的精度和后续分析的可靠性。

（2）精确的轨道模型也是弦矢量计算和分析的基础。轨道模型是对空间目标运动的数学描述，它考虑了各种力量的作用以及目标的初始条件。精确的轨道模型可以提供对目标运动的准确预测，并为弦矢量的计算提供必要的参数和方程。轨道模型通常基于牛顿力学原理和万有引力定律，并考虑其他影响因素，如大气阻力和地球的扁球引力等。建立合理而精确的轨道模型对于获得准确的弦矢量分析结果至关重要。

（3）动力学建模和仿真分析在弦矢量计算和分析中发挥重要作用。由于空间目标在轨道上受到多种力量的影响，它的运动状态会随时间发生变化。为了更好地理解和预测目标的轨道运动，我们需要进行动力学建模和仿真分析。包括考虑各种力量的作用，通过数值方法和数学模型模拟目标在不同时间点的位置和速度变化。通过建立准确的动力学模型和进行仿真分析，我们可以更好地理解目标的运动特性，并计算出相应的弦矢量。

（4）弦矢量的计算和分析需要综合使用测量数据和轨道模型，以及动力学建模和仿真分析的结果。通过将准确的测量数据应用于精确的轨道模型，并结合动力学建模和仿真分析的结果，我们可以获得更准确、可靠的弦矢量信息。这些弦矢量的计算和分析结果将为轨道动力学研究、轨道规划和控制等方面提供重要的参考和依据，从而实现对空间目标运动状态的全面理解和有效管理。

弦矢量的计算和分析需要准确地测量数据和精确的轨道模型，同时也需要进行动力学建模和仿真分析。准确的测量数据提供了空间目标在不同时间点的位置信息，而精确的轨道模型考虑了各种力量的作用和初始条件，为弦矢量的计算提供了基础。动力学建模和仿真分析通过数值方法和数学模型模拟目标在轨道上的运动，考虑各种力量的影响，并计算出相应的弦矢量。

弦矢量是描述空间目标在轨道上位移的向量，它对于计算轨道速度、加速度和分析运动轨迹等动力学特征具有重要作用。通过准确测量和分析弦矢量，可以深入了解空间目标的运动状态，为航天任务的规划、执行和轨道控制提供有价值的信息。

四、轨道保持能力

轨道保持能力是空间目标的重要动力学特征，它涉及航天器的推进系统、姿态控制和导航系统等关键技术，用于维持所需轨道参数的稳定性和精确性。

（一）轨道保持能力概述

轨道保持能力是指空间目标具备维持所需轨道参数的稳定的能力。它的目标是确保空间目标能够稳定地保持在既定轨道上，以满足任务需求和轨道规划要求。为了实现这一目标，空间目标需要具备以下能力和特征。

1.轨道参数的稳定性

空间目标需要能够持续保持所需轨道的位置、速度和姿态等参数稳定。这对于执行特定任务、进行观测或通信等操作至关重要。

2.推进系统

轨道保持能力需要依赖于可靠和高效的推进系统。推进系统提供必要的推力和控制能力，使空间目标能够对轨道上的扰动进行修正和调整，以保持轨道的稳定性。

3.姿态控制

空间目标需要具备精确的姿态控制能力，以确保在轨道上的正确姿态和方向。姿态控制系统通过调整航天器的方向和姿态来维持所需轨道的稳定。

4.导航和定位

精确的导航和定位系统对于轨道保持能力至关重要。它们提供空间目标当前位置和速度的准确测量，使得轨道保持系统能够及时做出调整和修正。

5.环境感知和扰动补偿

轨道保持能力需要对环境条件和轨道扰动进行感知和识别。这包括对引力、大气摩擦、太阳光压等外部力量的感知，并采取相应的措施进行补偿和修正。

轨道保持能力需要依赖推进系统、姿态控制、导航和定位等技术和能力，以应对环境扰动并确保轨道的稳定性和精确性。通过不断提升这些能力和特征，空间目标可以实现更高水平的轨道保持能力，从而成功完成各类任务和目标。

（二）影响轨道保持能力的因素

轨道保持能力受到多种因素的影响，其中包括引力扰动、大气阻力、姿态控制和导航系统等。这些因素对轨道的稳定性和精确性产生直接或间接的影响，需要在轨道保持过程中进行考虑和处理。

1.引力扰动

行星、卫星等天体的引力对空间目标的轨道产生持续的扰动。这些引力扰动会导致轨道参数的变化，使航天器偏离既定轨道。为了补偿引力扰动，推进系统需要进行精确的调整和修正，以保持轨道的稳定性和精确性。

2.大气阻力

当空间目标在高层大气中运动时，会与大气分子碰撞，产生摩擦力。这种大气阻力会导致航天器的轨道逐渐衰减，使其偏离预定轨道。推进系统需要对大气阻力进行补偿，通过推力控制和轨道修正来保持轨道的稳定性。

3.姿态控制

航天器的姿态稳定对轨道保持至关重要。姿态控制系统负责调整航天器的方向和姿态，以确保航天器在轨道上保持正确的方向和角度。精确的姿态控制有助于减小轨道偏差和保持轨道参数的稳定性。

4.导航系统

准确的导航和定位技术对于轨道保持能力至关重要。导航系统通过测量航天器在轨道上的位置和速度，提供准确的定位信息。这些信息用于判断轨道偏差，并为推进系统提供修正方向。精确的导航系统可以帮助维持轨道的稳定性和精确性。

航天器需要通过推进系统对引力扰动和大气阻力进行补偿，同时依靠精确的姿态控制和导航系统来确保轨道的稳定性和精确性。这些因素的综合影响决定了空间目标的轨道保持能力和任务执行的成功性。

（三）轨道保持技术和方法

为了实现轨道保持能力，空间目标使用了多种技术和方法，其中包括推进系统、姿态控制及导航和定位。

1.推进系统

推进系统是维持轨道稳定所必需的关键技术之一。它提供了必要的推力，以对抗引力和其他扰动力。推进系统的主要功能是在需要时提供推力，以保持轨道参数在预定范围内。推进系统可以使用化学推进剂、电推进系统或其他推进技术，根据任务需求和航天器性能进行选择。通过精确的推力控制，推进系统可以对抗引力扰动、补偿大气阻力，并实现轨道保持。

2. 姿态控制

姿态控制系统是保持轨道稳定性的重要组成部分。它通过调整航天器的姿态和方向，使其保持所需的轨道参数。姿态控制系统使用陀螺仪、推力器、反应轮等设备来控制航天器的姿态。通过精确的姿态控制，航天器可以保持正确的轨道方向和角度，抵消外界扰动，确保轨道保持的稳定性。

3. 导航和定位

准确的导航和定位技术对于轨道保持至关重要。导航系统通过使用星载传感器、惯性导航仪、地面跟踪站等设备，测量航天器在轨道上的位置和速度。定位技术则用于确定航天器相对于地球的准确位置。这些导航和定位信息提供了轨道保持所需的准确参考，使航天器能够及时发现轨道偏差，并采取相应的姿态调整或推进修正。

推进系统提供所需的推力，姿态控制系统确保航天器保持所需的轨道参数，导航和定位技术提供准确的位置和速度信息。通过这些技术和方法的应用，空间目标能够有效地实现轨道保持，确保任务的顺利执行。

（四）轨道保持能力的挑战和应对

实现有效的轨道保持能力面临着一些挑战，但也可以采取相应的应对措施来应对这些挑战。

1. 复杂性

空间环境和轨道特性的复杂性增加了轨道保持任务的难度。空间中存在多种扰动力，如引力扰动、大气阻力、太阳光压力等，这些力量会对轨道产生影响，使轨道参数发生变化。此外，轨道可能具有不规则的形状和非线性特性，需要对这些复杂性进行建模和分析。为了应对这一挑战，需要精确的轨道模型和动力学分析方法，以便更好地理解和预测轨道变化，并制定相应的轨道修正策略。

2. 误差累积

轨道保持任务中存在各种误差的累积，这些误差可能来自测量不准确性、传感器噪声、控制系统响应延迟等。这些误差会导致轨道保持的准确性和稳定性受到影响。为了应对误差累积的挑战，可以采用精确的测量技术和传感器校准方法，以减小误差的影响。此外，还可以使用滤波和校正算法来对测量数据进行处理和修正，以提高轨道保持的精确性。

3. 修正策略

针对不同的扰动力和误差，需要制定相应的修正策略和控制算法。例如，对于引力扰动，可以使用推进系统提供反向推力来补偿引力的影响；对于大气阻力，可以根据实时测量的阻力值进行推进修正；对于姿态偏差，可以通过姿态控制系统调整航天器的方向和角度。修正策略需要根据具体情况来制定，考虑到轨道特性、目标任务和可用资源。通过合理的修正策略，可以及时对轨道偏差进行修正，保持轨道参数在预定范围内。

通过准确的轨道建模和分析、精确的测量和定位技术，以及合理的控制算法和修正策略，可以应对挑战，保持空间目标在既定轨道上的稳定性和精确性。此外，持续的检测和评估也是应对挑战的重要手段。

第三章　空间运动目标检测跟踪基础知识

第一节　运动图像的分析

一、彩色图像及灰度变换

彩色图像及灰度变换是运动图像分析的基础知识。通过了解 RGB 颜色空间、灰度变换方法及不同颜色通道的分析方法，可以更好地理解和处理彩色图像，从中提取出所需的信息，为运动目标的检测和跟踪提供支持。

（一）彩色图像是由红、绿、蓝三种基本颜色通道的光以不同比例叠加而成的

彩色图像是由红、绿、蓝三种基本颜色通道的光以不同比例叠加而成的。这种叠加方式源于自然界中光的特性，即光的三原色理论。根据三原色理论，红、绿、蓝三种基本颜色是无法通过其他颜色的叠加来形成的，它们是彼此独立且互补的。因此，通过调节红、绿、蓝三个通道的亮度值，可以混合出各种颜色。例如，当红、绿、蓝三个通道的亮度值都为最大值时，即 255，会呈现出白色；而当三个通道的亮度值都为最小值时，即 0，会呈现出黑色。

彩色图像的每个像素点都包含了红、绿、蓝三个通道的亮度信息。对于 RGB 彩色模型而言，图像的每个像素都由三个 8 位字节或三个浮点数表示，分别对应红、绿、蓝三个通道。通过调节每个通道的亮度值，可以改变像素的颜色，从而呈现出丰富多彩的图像。例如，如果希望某个像素呈现红色，可以将红色通道的亮度值设置为最大值255，而将绿色和蓝色通道的亮度值设置为最小值0。

彩色图像的处理和分析可以基于各个颜色通道进行单独操作。通过提取某个通道的亮度信息，可以突出显示该颜色在图像中的分布情况。这种单通道处理可以用于目标检测、颜色分割和特征提取等。如在红色通道上进行分析可以突出显示红色物体，有助于目标的定位和识别。

灰度变换是将彩色图像转换为灰度图像的过程。在灰度图像中，每个像素只包含一个亮度值，而不再考虑颜色信息。常见的灰度变换方法包括平均法、最大值法、最小值法和加权法等。通过这些方法对红、绿、蓝三个通道的亮度值进行加权组合，得到对应的灰度值。灰度图像的处理更加简化，便于进行图像分析、边缘检测和目标识别等任务。

彩色图像中的每个像素都由红、绿、蓝三个通道的亮度值组成，每个通道的亮度值范围为0到255，表示从最暗到最亮的级别。通过调节每个通道的亮度值，可以创建各种颜色的图像。

（二）RGB 颜色空间是以红、绿、蓝三个颜色通道为基础进行构建的

RGB 颜色空间是一种基于红、绿、蓝三个颜色通道的模型，它是由彩色图像显示技术和人眼感知机制共同确定的。在自然界中，任何颜色都可以由红、绿、蓝三种颜色的光以不同比例叠加而成。因此，RGB 颜色空间以这三种基本颜色为基础进行构建。

在 RGB 颜色空间中，每个像素都由红、绿、蓝三个通道的亮度值组成。每个通道的亮度值范围为0到255，表示从最暗到最亮的级别。通过调节每个通道的亮度值，可以创建各种颜色的图像。比如，如果将红色通道的亮度值设置为255，而绿色和蓝色通道的亮度值都为0，则呈现出纯红色的图像。同样地，通过调节不同通道的亮度值，可以呈现出纯绿色、纯蓝色或是混合颜色的图像。

RGB 颜色空间的运用广泛，它是电子显示设备、数码摄影及计算机图形学等领域中最常用的颜色模型之一。在彩色图像的分析中，RGB 颜色空间提供了丰富的颜色信息，使得我们能够准确地呈现和处理图像中的各种颜色。通过对每个颜色通道进行单独处理，可以突出显示特定颜色的物体或特征，方便进行目标检测、颜色分割和图像增强等任务。

RGB 颜色空间也存在一些限制。由于 RGB 是基于光的叠加原理构建的，它在描述色彩感知时并不总是与人眼感知一致。另外，RGB 颜色空间对于颜色饱和度和亮度的变化并不直观，故在某些应用场景下，人们会采用其他颜色空间来更好地表示和分析图像中的色彩信息。

（三）灰度变换是将彩色图像转换为灰度图像的过程

灰度变换是一种将彩色图像转换为灰度图像的常用方法。在彩色图像中，每个像素点由红、绿、蓝三个通道的亮度值组成。而灰度图像仅包含亮度信息，通过将彩色图像的红、绿、蓝三个通道进行加权组合，可以得到对应的灰度值，从而将彩色图像转换为灰度图像。

常见的灰度变换方法包括平均法、最大值法、最小值法和加权法等。这些方法根据不同的需求和应用场景，对彩色图像的红、绿、蓝三个分量进行加权组合来计算灰度值。如平均法将红、绿、蓝三个通道的亮度值取平均值作为灰度值；最大值法将红、绿、蓝三个通道中的最大值作为灰度值；最小值法将红、绿、蓝三个通道中的最小值作为灰度值；加权法通过设置不同的权重，对红、绿、蓝三个通道进行加权求和得到灰度值。

灰度变换的目的是简化图像处理的复杂度，将彩色图像转换为灰度图像可以提取出物体的亮度特征，更便于进行后续的运动分析和目标识别。灰度图像中的亮度信息可以用于边缘检测、目标跟踪、图像匹配等任务。此外，灰度图像在存储和传输方面也具有更高的效率，因为它只包含一个通道的信息，相较于彩色图像需要存储和传输三个通道的信息量要小得多。

需要根据具体的应用场景和需求来选择合适的灰度变换方法。不同的方法可能对图像的亮度特征进行不同程度突出，所以在实际应用中需要根据具体情况进行选择。还可以通过对灰度图像进行图像增强、滤波等处理来进一步提取和强调图像中的信息，以满足特定的目标检测和跟踪需求。

（四）彩色图像的分析可以通过对每个颜色通道进行单独处理

彩色图像的分析可以通过对每个颜色通道进行单独处理来突出显示特定颜色的物体。这种方法利用了彩色图像中红、绿、蓝三个通道的亮度信息，通过分析和处理各个通道，可以突出显示具有特定颜色的物体。如通过增强红色通道的亮度，可以使红色物体更加明显，从而有助于目标检测和识别。同样地，通过处理绿色和蓝色通道，可以突出显示相应颜色的物体。这种颜色通道分析方法在目标检测、颜色分割和特征提取等应用中具有广泛的应用。

除了对彩色图像的各个颜色通道进行单独处理，还可以基于不同的颜色空间进行图像分析。常用的颜色空间包括 HSV（色相、饱和度、亮度）、LAB（亮度、红绿、蓝黄）等。这些颜色空间提供了更多的信息和特性，使得彩色图像的分析更加灵活和全面。如 HSV 颜色空间将颜色的信息与亮度分离，可以更好地处理光照变化对颜色的影响，故在颜色识别和分割任务中具有优势。而 LAB 颜色空间则更适用于描述颜色的亮度和色度特征，故在颜色纹理分析和物体识别中常被使用。

彩色图像的分析方法取决于具体的应用场景和任务需求。根据不同的目标和要求，选择合适的颜色通道或颜色空间进行分析可以更好地突出图像中的特定颜色信息，提取目标的特征，实现目标检测、跟踪和识别等任务。此外，还可以结合其他图像处理技术，如滤波、边缘检测和形态学操作等，进一步优化彩色图像的分析结果，提高分析的准确性和鲁棒性。

彩色图像的分析不仅限于单一的颜色通道处理，还可以探索多通道组合和不同颜色空间的应用。通过充分利用彩色图像中丰富的信息和多样的分析方法，可以更好地理解和利用图像数据，为空间运动目标的检测和跟踪提供有力的支持。

二、图像滤波操作

图像滤波操作是图像处理中常用的技术之一，用于改变图像的特征、减少噪声、增强图像细节等。图像滤波操作通过对图像中的像素进行加权平均或其他数学运算，以改变像素值或像素间的关系。常见的图像滤波操作包括中值滤波、平滑滤波、边缘检测滤波和增强滤波等。

（一）中值滤波

中值滤波是一种常用的图像滤波操作，用于消除噪声并保护图像的边缘细节。

中值滤波器基于邻域像素值的排序进行操作。对于每个像素点，中值滤波器将邻域内的像素值按升序或降序排列，然后选择排序后的中间值作为该像素点的新值。领域的大小可以根据需要进行调整，常见的选择是 3×3 或 5×5 的窗口。

中值滤波器通过比较当前像素点与其邻域像素值的大小关系来确定新的像素值。当邻域像素点个数为奇数时，取排序后的中间值作为当前像素点的新值；当邻域像素点个数为偶数时，取排序后位于中间的两个像素值的平均值作为当前像素点的新值。这样做的目的是确保新像素值能够在一定程度上受到邻域内的异常值的影响，从而实现噪声的去除。

中值滤波器在处理椒盐噪声方面表现出色。椒盐噪声是图像中随机出现的黑白像素点，对图像质量造成较大影响。中值滤波器通过选择排序后的中间值作为像素点的新值，能够有效地消除这些异常像素点，使图像恢复到更清晰、更真实的状态。

中值滤波器具有保护边缘信息的优势。这是因为中值滤波器只选择排序后的中间值作为新像素值，不会对边缘像素周围的像素进行平均处理，避免了边缘模糊的问题。

通过图 3-1 中的示例，可以清楚地展示中值滤波的过程。在 8 邻域图像中，每个像素点的值会与周围 8 个像素的值进行比较。通过选择中值作为新的像素值，中值滤波器能够消除邻域内与当前像素差异较大的像素值，有效地抑制椒盐噪声，并保持图像的边缘轮廓。

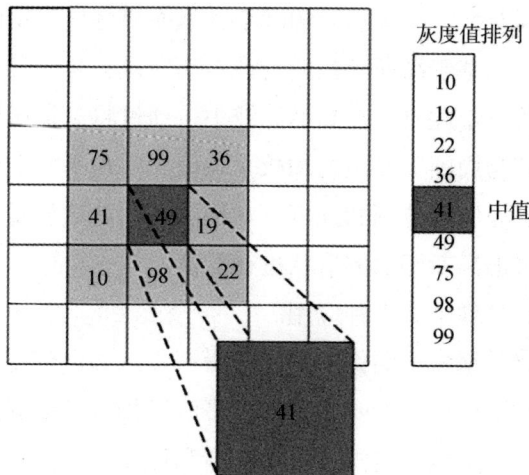

图 3-1　中值滤波原理图

总结来说，中值滤波是一种简单但有效的图像滤波操作，它能够消除图像中的噪声，并在保持边缘信息的同时提升图像质量。与线性滤波器相比，中值滤波器在处理非加性高斯噪声时具有更好的性能。

（二）平滑滤波

平滑滤波是图像处理中常用的一种滤波操作，也被称为低通滤波。它主要用于平滑图像、去除噪声和减少图像细节。平滑滤波的基本原理是在图像中的每个像素点处，通过对其周围像素值的加权平均来获得新的像素值。这样可以使得邻域内的像素值趋于一致，从而达到平滑图像的效果。

常见的平滑滤波器包括均值滤波器和高斯滤波器。

1.均值滤波器

均值滤波器将图像中每个像素点的值替换为其邻域内像素值的平均值。它通过计算邻域内像素的平均值平滑图像，并能有效地去除高斯噪声。然而，均值滤波器在平滑图像的同时也会模糊边缘和细节信息。

2.高斯滤波器

高斯滤波器是一种基于高斯函数的平滑滤波器。它与均值滤波器相比，在平滑图像的同时更好地保留了图像的细节信息。高斯滤波器通过对邻域内的像素值进行加权平均，其中每个像素的权重由高斯函数确定。权重越大的像素对平均值的贡献越大，而权重越小的像素对平均值的贡献越小。这样可以使得离中心像素较远的像素对平滑结果的影响减小，从而更好地保留图像的细节。

高斯滤波的原理是基于高斯函数的特性。高斯函数是一种钟形曲线，具有中心对称性和连续的数学性质。在高斯滤波中，通过将高斯函数应用于图像的每个像素点，计算其与周围像素点的加权平均值，实现平滑处理。高斯滤波核的大小和形状决定了滤波的范围和强度，常用的高斯滤波核是二维的，以像素点为中心，其数值根据高斯函数的形状进行赋值。

高斯滤波在图像处理中有多种应用。

第一，它可以有效地减少图像中的高频噪声，例如由传感器噪声、信号传输干扰或图像采集过程中引入的噪声。通过平滑操作，高斯滤波可以模糊图像中的细节，减少噪声的干扰，使图像更加清晰和可靠。

第二，高斯滤波也常用于图像预处理的步骤，为后续的目标检测、跟踪和识别提供更好的图像质量和特征。

第三，高斯滤波还可以用于图像降噪、平滑轮廓、模糊效果和图像特效等应用领域。

高斯滤波的效果受到滤波核大小和标准差的影响。滤波核越大，平滑的范围越广，可能会导致图像细节的丢失。标准差决定了高斯函数的宽度，较大的标准差会导致更强的平滑效果。因此，在应用高斯滤波时，需要根据具体情况选择适当的滤波核大小和标准差，以平衡噪声抑制和图像细节保留的需求。

高斯滤波是一种线性滤波器，具有良好的滤波特性和数学性质。它不仅能够减少噪声，还能够平滑图像、模糊细节，并提升图像质量。高斯滤波也有其局限性。比如，高斯滤波是一种平滑滤波器，它主要用于降低图像中的高频噪声，但对于其他类型的噪声，如椒盐噪声或周期性噪声，效果可能不佳。对于这些特殊类型的噪声，可能需要使用其他滤波方法或者结合多种滤波器进行处理。

高斯滤波是一种常见且有效的图像滤波方法，可以用于降低高频噪声、平滑图像和提升图像质量。在实际应用中，需要根据具体的图像特点和需求，综合考虑滤波核大小、标准差及其他滤波方法的选择，以达到最佳的滤波效果。同时，也需要注意高斯滤波的局限性，特别是在处理特殊噪声、保留边缘和细节等方面的应用上，可能需要采用其他滤波技术或进行进一步的优化和处理。

平滑滤波器的选择取决于具体的应用需求。均值滤波器适用于对图像进行简单平滑处理和噪声去除，而高斯滤波器则更适合在平滑图像的同时保留边缘和细节信息。需要注意的是，滤波器的大小（邻域大小）和参数（如高斯滤波器的标准差）的选择也会对滤波结果产生影响。较大的滤波器大小和较大的标准差会导致更强的平滑效果，但可能会损失更多的图像细节。在运动图像的分析中，平滑滤波操作常用于预处理阶段，以减少噪声和图像的不连续性，从而更好地提取和跟踪运动目标。

（三）边缘检测滤波

边缘检测滤波是图像处理中常用的一种滤波操作，用于检测图像中的边缘信息。边缘是图像中灰度变化明显的区域，通常表示物体的边界或者纹理的变化。

边缘检测滤波的目的是通过滤波操作来增强或提取图像中的边缘信息，使其在图像中更加明显可见。常用的边缘检测滤波器包括 Sobel 滤波器、Prewitt 滤波器和 Canny 滤波器。

1. Sobel 滤波器

Sobel 滤波器是一种基于梯度的边缘检测滤波器。它通过计算图像中每个像素点的灰度梯度来确定边缘的位置和方向。Sobel 滤波器分别对图像在水平和垂直方向上进行卷积操作，得到水平和垂直梯度图像，通过对梯度图像进行合成得到最终的边缘图像。

2. Prewitt 滤波器

Prewitt 滤波器也是一种基于梯度的边缘检测滤波器，类似于 Sobel 滤波器。它使用不同的卷积核对图像进行水平和垂直方向上的卷积操作，得到相应的梯度图像，并通过合成得到最终的边缘图像。

3. Canny 滤波器

Canny 滤波器是一种边缘检测的多阶段滤波器。它首先使用高斯滤波器对图像进行平滑，然后计算图像的梯度和方向。其次，应用非极大值抑制来细化边缘，将边缘细化为单像素宽度。最后，通过设定高低阈值来提取最终的边缘图像。

边缘检测滤波器能够从图像中提取出边缘信息，对于运动目标检测和跟踪非常有用。边缘可以用于物体边界的定位、目标形状的提取及运动目标与背景的分割等任务。在运动图像的分析中，边缘检测滤波通常是预处理阶段的一部分，以便更好地提取和分析运动目标的轮廓和形状信息。

（四）增强滤波

增强滤波是一种图像处理技术，旨在改善图像的质量和增强感兴趣的图像特征。它可以用于增强图像的对比度、边缘、纹理、细节等，提高图像的视觉效果和信息可读性。

1. 直方图均衡化

直方图均衡化是一种用于增强图像对比度的方法。它通过重新分布图像的像素值，使得图像的直方图在整个灰度范围内均匀分布。这种方法可以提高图像的整体对比度，使暗区域变亮、亮区域变暗，增强图像的细节和纹理。

2. 自适应直方图均衡化

自适应直方图均衡化是一种改进的直方图均衡化方法，通过将图像分成小块并在每个块上进行直方图均衡化避免全局对比度增强过度。这种方法可以更好地保留图像的局部细节，并减少过度增强的现象。

3. 对比度拉伸

对比度拉伸是一种简单有效的增强滤波方法，通过线性变换拉伸图像的灰度范围。可以增加图像的动态范围，使暗部和亮部的细节更加明显。

4. 锐化滤波

锐化滤波是一种增强图像边缘和细节的方法。通过对图像进行边缘检测或高通滤波突出显示图像中的边缘信息。常见的锐化滤波器包括拉普拉斯滤波器和 Sobel 滤波器。

5. 统计滤波

统计滤波是一种基于图像统计特性进行滤波的方法。常见的统计滤波方法包括均值滤波、中值滤波和自适应滤波。这些方法可以通过统计邻域像素的灰度值改变当前像素的值，平滑图像或增强细节。

增强滤波在空间运动目标检测和跟踪中起着重要的作用。可以帮助突出显示运动目标的边缘、纹理和细节特征，提高目标检测和跟踪的准确性和稳定性。此外，增强滤波还可以降低图像中的噪声并提高图像的信噪比，改善目标检测和跟踪的性能。

第二节 运动的种类

在空间运动目标检测和跟踪中，运动可以分为多种类型，包括以下几种常见的运动形式。

一、平移运动

平移运动是一种简单且常见的运动形式，用于描述物体在平面上沿直线路径移动的运动方式。在平移运动中，物体保持其形状和大小不变，只是在图像中的位置发生变化，其中心点沿着一条直线移动。

（一）平移运动位置变化而形状不变

平移运动的特点是位置变化而形状和大小保持不变。这意味着物体的各个部分在运动过程中保持着相对的位置关系，物体的轮廓、边界和内部结构都不发生变化。如一张平移运动的图片在平稳过程中，图像中的物体保持不变，只是在图像上的位置发生了移动。

平移运动可以使用简单的线性方程进行描述。通过定义平移向量，表示物体在平稳过程中的移动距离和方向。平移向量通常由水平和垂直分量组成，分别表示物体在水平和垂直方向上的移动距离。根据需要，还可以使用三维平移向量描述物体在三维空间中的平移运动。

平移运动可以沿着不同的方向进行，包括水平方向、垂直方向或者任意方向。物体的平移方向取决于施加在物体上的外部力或者运动轨迹的设定。例如，一辆车沿着直线道路平移，一架飞机沿着指定航线平移，一个人在水平地面上行走都属于平移运动，只是平移的方向和路径不同。

平移运动在运动目标检测和跟踪中具有重要的应用。通过分析物体的平移运动，可以提取出物体的位置信息，实现对物体的实时跟踪和检测。平移运动的特性使得物体在运动过程中保持稳定，减少形变和扭曲对目标识别的干扰，有助于提高目标检测和识别的准确性和鲁棒性。

通过线性方程和平移向量的描述，可以准确表示物体的平移运动。平移运动在物体跟踪和检测领域具有重要的应用，为实现精确的目标识别和定位提供了基础。

（二）平移运动在图像中的表现形式是物体的中心点沿着一条直线移动

在图像中，我们可以观察到物体的整体位置的变化，其形状和大小保持不变。通过跟踪物体中心点的位置变化，我们可以对物体的平移运动进行检测和测量。

图像中的物体平移运动表现为物体的整体位置发生变化，而物体的形状和大小保持不变。如假设我们有一张包含一个球的图像，球在图像中的位置发生了平移运动，即球的中心点在图像上沿着一条直线路径移动。在图像上观察，我们可以看到球的位置在不断变化，但球的形状和大小并未发生变化。

为了检测和测量平移运动，可以使用图像处理和计算机视觉技术。通过物体的特征点或边界来跟踪物体的中心点。对于球这样的简单几何形状，可以使用边缘检测算法提取球的边界，并通过计算边界的几何中心来确定球的中心点。通过比较连续帧之间的中心点位置，我们可以计算出物体的平移向量，即物体在图像中的移动距离和方向。

对于复杂的物体形状，我们可以使用特征点或关键点跟踪物体的位置。这些特征点可以是物体的角点、纹理特征点或者其他具有辨识度的点。通过跟踪这些特征点的位置变化，可以估计物体的平移运动。

平移运动在空间运动目标检测和跟踪中具有广泛的应用。通过检测和测量物体的平移运动，可以实时跟踪物体的位置和轨迹，实现目标的定位、追踪和分析。对于许多领域都具有重要意义，如视频监控、自动驾驶、机器人导航等。

通过图像处理和计算机视觉技术，可以检测和测量物体的平移运动，实现目标的跟踪和分析。为许多应用领域提供了基础，推动了空间运动目标检测和跟踪的发展。

（三）平移运动常常用于物体跟踪和目标检测

平移运动在物体跟踪和目标检测中具有广泛的应用。通过分析图像序列中物体的平移运动，可以获得物体的运动轨迹和速度信息，实现目标跟踪、目标定位和姿态估计等关键任务。

平移运动常常用于目标跟踪。在目标跟踪任务中，需要实时准确地跟踪目标在图像中的位置和运动。平移运动提供了一种简单且常见的运动模式，使得目标的位置变化相对容易被观察和分析。通过检测和测量目标的平移运动，我们可以更新目标的位置信息，并预测其下一帧的位置，实现目标的连续跟踪。

平移运动可用于目标定位。在目标定位任务中，需要确定目标在图像中的具体位置，通常以像素坐标表示。通过分析物体的平移运动，可以估计物体的中心点或特征点在图像中的位置变化，精确定位目标。对于许多应用场景，如智能监控、视频分析和人机交互等，都具有重要意义。

平移运动对于姿态估计也发挥作用。姿态估计是确定目标物体的方向、姿态和运动状态的任务。在某些情况下，可以将物体的平移运动与其姿态变化相结合，通过观察物体的平移轨迹和形状变化推断物体的姿态。可以在许多领域中得到应用，如计算机视觉、虚拟现实和机器人技术等。

平移运动的应用不仅限于单个目标的跟踪和定位，还可以应用于多目标跟踪和场景分析。通过同时分析多个物体的平移运动，可以推断它们之间的相对关系、交互模式和场景结构。为复杂场景的理解和分析提供了重要线索，如交通监控、人群行为分析和环境感知等领域。

通过分析物体的平移运动，可以实现目标跟踪、定位和姿态估计等任务，为许多应用领域提供关键的信息和技术支持。平移运动的应用范围广泛，对于物体的运动轨迹、速度和位置等信息的获取和分析具有重要意义。

（四）平移运动应用广泛

视频监控是平移运动的一个重要应用领域。在监控摄像头覆盖的区域内，人员和车辆的平移运动最为常见。通过分析视频流中的平移运动模式，可以实现对目标的实时检测和追踪。在安全监控、交通监管和行人计数等场景中具有重要意义。通过将平移运动检测和目标跟踪技术结合起来，可以实现对目标的准确定位和轨迹分析。

计算机视觉领域广泛使用平移运动分析。通过分析图像序列中物体的平移运动，可以实现图像配准、图像稳定和图像对齐等任务。图像配准技术利用物体的平移运动校正图像中的几何变换，使得图像在空间中对齐，有助于后续的图像处理和分析。图像稳定技术则通过检测和补偿图像中的平移运动，使得图像序列更加稳定和清晰，提高视觉感知和图像质量。

机器人导航是平移运动的另一个应用领域。在自主移动机器人中，平移运动是机器人在环境中移动的基本方式之一。通过分析机器人传感器获取的环境信息和运动状态，可以实现机器人的路径规划和避障控制。平移运动的检测和估计对于机器人的精确定位和导航至关重要，可以帮助机器人在复杂的环境中实现准确的移动和任务执行。

虚拟现实（VR）领域也广泛应用平移运动技术。在虚拟现实系统中，用户通过头部追踪设备感知自身的平移运动，实现虚拟场景中的视角变换和沉浸感。通过精确地检测和跟踪用户的平移运动，可以实现虚拟场景的实时渲染和交互，为用户提供了更加真实和沉浸的虚拟体验。

二、旋转运动

旋转运动指物体在平面上以某个固定点为中心，按照一定角度和方向进行旋转。在旋转运动中，物体的形状和大小保持不变，但其位置和方向发生变化。

（一）旋转运动的特点

（1）旋转运动下物体的形状和大小保持不变。无论物体以何种角度和方向旋转，它的形状和大小都不会发生变化。这一特点使得旋转运动在许多应用中有重要作用，例如计算机图形学中的 3D 模型旋转和虚拟现实中的物体旋转。

（2）旋转运动围绕一个旋转中心点进行。这个旋转中心点可以是物体的某个固定点，也可以是一个虚拟点。物体的其他部分相对于旋转中心点进行旋转，形成了一种旋转的效果。如地球的自转是以地球的地心为旋转中心点，而地球上的其他物体相对于地心进行旋转。

（3）旋转运动的角度和方向决定了物体的旋转程度和旋转的方向。旋转角度表示物体相对于起始位置旋转的角度大小，通常用度或弧度表示。旋转方向表示物体是顺时针还是逆时针旋转。旋转角度和方向可以通过旋转向量或旋转矩阵来描述，从而精确表示物体的旋转状态。

（4）旋转运动可以是平面旋转，也可以是空间旋转。平面旋转发生在二维平面内，物体围绕一个轴进行旋转，如钟表的指针绕中心轴旋转。而空间旋转发生在三维空间中，物体可以围绕一个轴或围绕多个轴进行旋转，如飞行器绕自身的轴进行旋转。

总结来说，旋转运动具有形状和大小不变、围绕旋转中心点、旋转角度和方向决定旋转程度和方向等特点。这些特点使得旋转运动在许多领域中具有广泛的应用，包括计算机图形学、物体识别与跟踪、机器人技术、物理学模拟等。通过对旋转运动的分析和应用，可以了解物体的旋转状态、计算旋转角度和方向，以及实现各种旋转相关的任务和功能。

（二）旋转运动的应用

旋转运动在机器人技术领域具有重要作用。通过控制机器人的关节运动和旋转，可以实现机器人在工业生产线上的精确定位和操作。例如，工业机器人的旋转臂可以在三维空间内旋转，实现对工件的精确抓取和放置操作。

在计算机图形学领域，旋转运动是创建三维模型和动画的关键技术之一。通过对物体的顶点进行旋转变换，可以实现模型的旋转效果，使图形具有动态和真实感。在电影特效、游戏开发和虚拟现实等领域中被广泛应用。

旋转运动在医学影像处理中扮演重要角色。通过对医学图像进行旋转变换，可以改变视角，观察物体的不同面向，帮助医生进行病变的分析和诊断。如在CT扫描中，通过旋转扫描器和旋转重建算法，获取不同角度下的图像，帮助医生对病变进行全面评估。

在遥感技术领域，旋转运动用于地球观测和地图制作。通过旋转摄像头或卫星传感器，获取不同视角下的地球图像，实现地表特征的全面观测和测量。这对于环境监测、城市规划和资源管理等具有重要意义。

模拟仿真是又一个应用领域，旋转运动在其中被广泛地应用。通过控制用户视角的旋转，可以实现虚拟现实环境的交互和模拟体验。如在飞行模拟器中，通过旋转控制杆或摇杆，可以模拟飞机的旋转操作，提供逼真的飞行体验。

在摄影和摄像技术中，旋转运动常用于创造特殊效果和动态影像。通过使用旋转镜头或者相机平台，可以捕捉到旋转的物体或环境，呈现出流畅的运动效果和时空感。如time-lapse摄影中的旋转效果可以使时间过程加速呈现。

在目标跟踪和运动分析中，旋转运动的分析对于估计目标的运动轨迹、测量速度和分析姿态等方面至关重要。通过检测和跟踪物体的旋转运动，可以实现目标的运动轨迹估计、速度测量和姿态分析，所以可以将其应用于视频监控、自动驾驶和运动分析等领域。如在视频监控中，通过旋转目标的检测和跟踪，可以实时追踪目标的运动轨迹，帮助实现安全监控和行为分析。

此外，旋转运动在地震勘探和地质研究中也得到应用。地震勘探中通过分析地震波形的旋转，推断地震震源的方位和震级，帮助研究地震活动和地壳运动的规律。在地质研究中，通过对地壳运动和地质构造的旋转分析，揭示地球演化的过程和机制，对资源勘探和地质灾害预测具有重要意义。

在机器人技术、计算机图形学、医学影像处理、遥感技术、模拟仿真、摄影和摄像技术、目标跟踪和运动分析，以及地震勘探和地质研究等领域中，旋转运动都发挥着重要的作用。这些应用涵盖了从工业生产到科学研究的广泛范围，通过旋转运动的分析和应用，可以实现许多有益的任务和功能，提高各个领域的效率和准确性。

三、缩放运动

缩放运动指物体在平面上按照一定比例进行放大或缩小的运动。在缩放运动中，物体的形状和位置保持不变，但其大小发生变化。

（一）缩放运动的特点

1.形状和位置保持不变

在缩放运动中，物体的形状和位置保持不变。只有物体的大小发生变化，其他几何属性，如形状、位置和方向，都不会改变。

2.按比例进行放大或缩小

缩放运动是按照一定比例进行的，物体可以被放大或缩小。这个比例可以是固定的，也可以根据具体应用的需求进行动态调整。

3.二维平面上的运动

缩放运动是在二维平面上进行的，物体在平面上按比例进行放大或缩小，不涉及垂直方向的运动。

（二）缩放运动的应用

1.计算机视觉和图像处理

在计算机视觉和图像处理中，缩放运动用于物体的尺度变换和图像的缩放。通过对图像进行缩放运动，可以改变物体在图像中的大小，便于目标检测、特征提取和图像识别等任务的处理。

2.视频监控和安防

在视频监控和安防领域中，缩放运动被广泛应用于目标跟踪和异常检测。通过对监控视频中的目标进行缩放运动的分析和检测，实时追踪目标的尺度变化，帮助进行安全监控和异常行为识别。

3.虚拟现实和游戏开发

在虚拟现实和游戏开发中，缩放运动用于实现虚拟环境中物体的放大和缩小效果。通过对虚拟场景中的物体进行缩放运动,可以模拟真实世界中的尺度变换,增强用户的沉浸感和交互体验感。

4.地图制作和地理信息系统

在地图制作和地理信息系统中,缩放运动用于地图的放大和缩小操作。通过对地图进行缩放运动,可以改变地图的比例尺,使用户可以在不同层级下查看地理数据的详细程度。

5.工程设计和建筑规划

在工程设计和建筑规划中,缩放运动用于模型的尺度变换和场景的展示。通过对设计模型进行缩放运动,可以观察和评估不同尺度下的设计细节,辅助决策和优化设计方案。

6.教育和培训

在教育和培训领域中,缩放运动可以用于教学演示和模拟训练。通过对教学材料或模型进行缩放运动,帮助学生更好地理解和掌握知识,提升学习效果和技能训练的实用性。

7.数据可视化和图表展示

在数据可视化和图表展示中,缩放运动用于数据的缩放和可视化效果的优化。通过对数据图表进行缩放运动,改变数据的尺度和粒度,使数据关系更加清晰和易于理解。

8.广告和营销

在广告和营销领域中,缩放运动可以用于产品展示和品牌推广。通过对产品的放大和缩小运动,可以突出产品的特点和优势,吸引消费者的注意力,提升品牌形象和销售效果。

缩放运动作为空间运动目标检测和跟踪的一种重要运动类型,在计算机视觉、视频监控、虚拟现实、医学影像处理等领域具有广泛的应用。通过对物体按比例进行放大或缩小的运动分析和应用,可以实现多种功能和效果,丰富各个领域的应用场景,提升相关任务的准确性和效率。

四、倾斜运动

倾斜运动是空间运动目标检测和跟踪中的一种重要运动类型。它是指物体在平面上以某个固定点为中心，按照一定角度和方向进行倾斜的运动。在倾斜运动中，物体的形状和大小保持不变，但其方向和位置发生变化。倾斜运动在许多领域中都有广泛的应用，包括机器人技术、计算机视觉、遥感技术、建筑设计等。

（一）倾斜运动在机器人技术中具有重要作用

倾斜运动在机器人技术中具有重要作用，可以通过控制机器人的关节和臂的运动实现倾斜动作。这种运动在工业自动化领域中尤为重要，为机器人提供更灵活和多样化的操作能力。

（1）倾斜运动使机器人能够实现物体的拾取和放置操作。在工业生产线上，机器人通常需要将物体从一个位置移动到另一个位置，这些物体可能需要以不同的角度进行放置。通过控制机器人的倾斜运动，可以调整机器人的姿态，使其能够准确地抓取和放置物体，确保物体的正确定位和摆放。

（2）倾斜运动对于实现精确定位和装配非常重要。在制造业中，机器人常被用于装配产品的各个部件。通过控制机器人的倾斜运动，使机器人在装配过程中调整工具的角度，确保零件的正确匹配和精确装配。对于生产线的效率和产品质量至关重要。

（3）倾斜运动还可以扩展机器人的工作空间。通过调整机器人臂的倾斜角度，扩大机器人的操作范围，使其能够触及原本无法直接到达的区域。在狭小空间或复杂环境中特别有用，可以提高机器人的灵活性和适应性。

（4）倾斜运动还有助于机器人的视觉感知和环境理解。机器人常配备视觉传感器用于感知周围环境。通过控制机器人的倾斜运动，可以改变视角，获取不同角度下的视觉信息。这对于障碍物检测、目标跟踪和环境建模等任务非常重要，可以更全面和准确地感知数据，帮助机器人做出更明智的决策。

（5）倾斜运动还可以应用于机器人的操作规划和路径规划。在执行复杂任务时，机器人需要规划适当的路径和动作序列。倾斜运动可以作为一种重要的运动模式，被纳入路径规划算法中，确保机器人能够在遵守约束条件的同时，高效地完成任务。

（二）倾斜运动在计算机视觉中也有广泛的应用

倾斜运动在计算机视觉领域中具有广泛的应用，通过对图像进行倾斜变换，可以实现对物体的旋转观察和姿态估计。这种应用在目标检测、跟踪和识别等任务中极具价值，能够提高算法的鲁棒性和准确性。

倾斜运动在目标检测中扮演着重要的角色。目标检测是计算机视觉领域中的核心任务之一，其目标是在图像或视频中准确地定位和识别特定的物体。通过对图像进行倾斜变换，可以使目标物体在不同角度下呈现，从而扩展目标检测算法的适用范围。倾斜运动使得算法能够对目标物体进行多角度的观察和分析，提高目标检测的鲁棒性和准确性。

倾斜运动在目标跟踪中起着关键作用。目标跟踪是指在视频序列中实时追踪并持续定位一个移动目标的过程。倾斜运动可以模拟目标在不同角度下的变化，通过对图像进行倾斜变换，可以更好地适应目标在运动过程中的姿态变化。这对于目标跟踪算法来说至关重要，能够提高目标跟踪的准确性和稳定性。

倾斜运动在目标识别和分类中也具有重要意义。目标识别是指识别图像中的目标类别，而目标分类是将目标分为不同的类别。倾斜运动可以改变目标物体的角度，使得算法可以从多个角度观察目标，并获取更全面的特征信息。有助于提高目标识别和分类算法的鲁棒性和准确性，在复杂场景和变化环境中取得更好的性能。

倾斜运动还在三维姿态估计中发挥着重要作用。三维姿态估计是指从二维图像中推测出目标物体的三维空间姿态。倾斜运动可以模拟目标在不同姿态下的变化，通过对图像进行倾斜变换，获取不同视角下的信息，更准确地估计目标的三维姿态。

（三）倾斜运动在遥感技术中也扮演着重要的角色

倾斜运动在地球观测中发挥着重要作用。通过调整遥感设备的俯仰角和航向角，获取不同角度和方向下的地球图像。多角度的观测可以提供更全面和立体的地球信息，帮助科学家和研究人员了解地球表面的特征和变化。如在环境监测中，通过倾斜运动获取的多角度图像可以用于监测自然灾害、植被覆盖变化、土地利用等方面的情况，为环境保护和资源管理提供重要的数据支持。

倾斜运动在地质勘探中具有重要意义。地质勘探是指通过观测地球表面和地下的物理、化学和地球地理特征了解地球内部结构和资源分布的过程。通过调整遥感设备的俯仰角和航向角，可以获得多角度和多方向的地球图像，为地质勘探提供更丰富的数据来源。倾斜运动使得遥感技术可以观测到地质构造的不同侧面，更好地识别地质体的边界、构造线和岩性变化等重要信息，提高勘探效果和资源评估准确性。

倾斜运动在城市规划和建设中也发挥着重要作用。通过调整遥感设备的俯仰角和航向角，获取不同角度和方向下的城市地图和图像。对城市规划、土地利用规划和建设项目的检测和评估非常有帮助。倾斜运动可以提供更全面的城市信息，如建筑物高度、立面形状、道路网络等，为城市规划决策提供准确的数据支持。

倾斜运动还可以用于地貌分析和地表特征提取。通过倾斜运动进行地表观测，获取不同角度和方向下的地表图像，进行地貌分析和地表特征提取。倾斜运动可以提供更丰富的地表信息，包括地形起伏、地貌特征、水体分布等。对于地理学研究、土地资源管理、自然灾害预警等方面具有重要意义。

通过调整遥感设备的俯仰角和航向角，倾斜运动可以提供多角度和多方向的地球图像，为地球观测、地质勘探、城市规划和地貌分析等领域提供了丰富的数据来源。多角度观测能够提供更全面、准确和立体的地理数据，帮助分析地表特征、地貌形态和地球变化，促进科学研究和实际应用的发展。

（四）倾斜运动在建筑设计和室内设计中的应用

倾斜运动在建筑设计和室内设计中具有广泛的应用。通过对建筑物、房间或家具进行倾斜变换，设计师和客户可以从不同角度观察和评估设计效果，更好地理解和决策，提高设计方案的质量和可行性。

（1）倾斜运动在建筑设计中用于外观评估和视觉效果展示。设计师通过将建筑物的模型进行倾斜变换，从不同角度观察建筑物的外观，评估其比例、形状、线条和立体感。有助于设计师更好地理解建筑物在真实环境中的外观表现，发现潜在的设计问题，并进行相应的调整和优化。倾斜运动还可以用于向客户或投资者展示设计方案，通过展示不同视角下的建筑外观，帮助他们更好地理解和评估设计方案的吸引力和可行性。

（2）倾斜运动在室内设计中用于空间布局和视觉效果评估。设计师可以将室内空间进行倾斜变换，从不同角度观察房间的布局、家具的摆放和空间的利用效果。有助于设计师评估室内设计方案的功能性、流畅性和舒适性，发现潜在的空间问题并进行调整。倾斜运动还可以帮助客户更好地理解和感受设计方案，通过观察不同视角下的室内空间，客户可以更好地判断设计方案的实用性和美感。

（3）倾斜运动还可以用于室内家具和装饰物的设计和评估。设计师可以对家具进行倾斜变换，观察其在不同角度下的外观和比例，评估其与室内环境的协调性和美感。倾斜运动还可以用于评估装饰物的摆放和效果，通过观察不同视角下的装饰物，设计师可以调整其位置和布局，以达到更好的视觉效果和空间氛围。

通过倾斜运动的应用，建筑设计和室内设计可以更加精确和符合实际需求，创造出具有良好空间布局、视觉效果和用户体验的建筑环境。

五、运动模糊

运动模糊是指由于物体或相机的运动导致图像模糊的现象。当相机或被摄对象在图像曝光时间内发生移动时，图像上的物体会呈现出模糊的轨迹，无法准确捕捉物体的位置和形状。运动模糊是摄影或图像采集过程中常见的问题，对于目标检测和跟踪等任务会产生影响。

（一）运动模糊的原因

1.目标运动模糊

当被摄对象自身发生运动时，由于其在图像曝光期间的位置变化，导致物体在图像上呈现出模糊的轨迹。这种模糊通常是由于物体的高速运动或快速变换引起的。如在拍摄快速奔跑的运动员时，由于运动员的快速移动，图像中会出现运动模糊，无法清晰捕捉到运动员的轮廓和细节。

2.相机移动模糊

当相机在拍摄过程中发生移动时，由于相机的晃动或移动导致图像中的物体模糊。这种情况常见于手持拍摄或移动平台上的相机拍摄。当相机移动速度较快或晃动幅度较大时，图像中的物体会出现明显的模糊效果。例如，当我们在拍摄时没有使用稳定器或三脚架，相机的抖动会导致图像模糊，影响图像的清晰度。

3.被摄对象与相机同时运动

当被摄对象和相机同时发生运动时，运动模糊的程度会更加复杂。此时，物体在图像上的模糊轨迹与相机和物体的运动方向、速度、距离等因素相关。例如，从车窗拍摄风景时，车辆和相机都在运动，这时候运动模糊的程度会受到车速、相机移动速度以及物体与相机的距离等多个因素的影响。

运动模糊的产生是由于在图像的曝光时间内物体在图像平面上的位置发生变化。较长的曝光时间使得物体在图像上呈现出模糊的效果。因此，减少运动模糊的方法通常是通过缩短曝光时间或者稳定相机和被摄对象来减少运动造成的影响。

在一些特定的应用领域中，运动模糊可以被视为一种艺术效果或特殊的信息来源。如在摄影和电影拍摄中，运动模糊可以用于创造动感和表达运动的感觉。在艺术作品中，通过运动模糊可以传达出时间流逝和动态变化的感觉，从而增加作品的艺术表现力。

了解运动模糊的原因和产生机制，以及采取相应的方法来减少或消除运动模糊对于提高图像质量和准确性至关重要。在不同的领域中，针对特定应用场景，可以采取适当的措施来应对运动模糊，并最大限度地提高图像的清晰度和准确性。

（二）运动模糊的影响

运动模糊会对图像处理、目标检测和跟踪等应用产生不利影响。具体表现在以下几个方面。

1.位置不准确

当物体在图像中发生运动并导致模糊时，目标的位置无法被准确捕捉。可能会对后续的分析和处理产生严重影响，特别是对于需要精确定位物体的任务。

影响位置准确性的因素主要包括以下几个方面。

（1）物体模糊轨迹。在运动模糊的图像中，物体呈现出模糊的轨迹。由于物体在曝光期间的位置变化，无法准确确定物体的精确位置。目标检测和跟踪算法通常基于物体的位置信息来进行目标识别和追踪，如果位置信息不准确，就会导致算法无法准确跟踪目标。

（2）物体轮廓丢失。运动模糊会导致物体的轮廓模糊不清，使得目标的形状和边界无法被精确捕捉。这使得目标检测算法难以准确提取目标的特征和属性，影响识别和跟踪的准确性。

（3）运动方向和速度的估计误差。在存在运动模糊的图像中，对物体的运动方向和速度进行准确估计变得更加困难。运动方向和速度的估计误差会进一步影响目标的位置估计，导致跟踪算法无法准确预测目标的位置。

位置不准确性可能会导致以下问题。

（1）目标丢失。如果目标的位置被错误的估计或无法准确捕捉，跟踪算法可能会丢失目标并无法正确追踪。这会导致目标跟踪的中断和不连续，从而影响对目标行为的分析和理解。

（2）错误检测和虚警。由于位置不准确性，目标检测算法可能会将模糊的区域或背景中的噪声错误地识别为目标，产生错误检测和虚警。会导致系统的误报率增加，并影响后续的决策和处理过程。

（3）目标属性估计误差。运动模糊导致物体轮廓模糊和形状不明确，会影响对目标属性（如大小、形状、方向等）的准确估计。这可能导致对目标特征和行为的误解和错误分析，影响对目标的理解和推断。

2.形状失真

运动模糊对形状的失真是由于物体或相机的运动而引起的图像模糊现象，它对形状识别和分割任务产生重要影响，降低了物体识别的准确性和鲁棒性。

（1）形状模糊。运动模糊会使物体的形状变得模糊不清。在模糊的图像中，物体的边缘和轮廓信息变得模糊，使得物体的形状无法准确地被捕捉和描述。形状模糊给形状识别和分割任务带来了困难，因为物体的形状特征难以被正确提取和分析。

（2）边缘信息丢失。运动模糊导致图像中物体的边缘信息丢失或不清晰。边缘是物体形状的重要特征，通过边缘可以定义物体的轮廓和边界。然而，在运动模糊的图像中，物体边缘可能断裂或模糊不清，这使得边缘信息的提取和分析变得困难，影响形状识别的准确性。

（3）形状特征变形。在高速运动或相机抖动的情况下，物体的形状可能会发生变形。运动模糊会导致物体形状的拉伸、挤压或变形，使得物体的比例和形状关系发生改变。这种形状变形使得形状识别和分割任务更具挑战性，因为物体的真实形状与模糊图像中所呈现的形状之间存在差异。

3. 特征模糊

运动模糊对特征模糊产生了广泛的影响，导致物体表面的纹理和细节在图像中变得模糊不清。这种特征模糊给图像处理任务中的特征检测、特征匹配和特征跟踪等算法带来了挑战，降低了算法的准确性和可靠性。

（1）特征检测。特征检测是图像处理任务中的关键步骤，它用于寻找图像中具有独特属性的点或区域，如边缘、角点和斑点等。运动模糊会使物体表面的纹理和细节模糊，使得特征点难以被准确地检测到。模糊的图像边缘不清晰，角点和斑点的明显度下降，这导致特征点的定位和提取变得困难。

（2）特征匹配。特征匹配是利用特征描述子对不同图像间的特征点进行关联的过程。由于运动模糊的存在，图像中的特征点的描述子会受到模糊的影响，导致匹配准确性下降。模糊图像中的特征描述子可能会失去一些细节和纹理信息，使得匹配算法难以找到正确的对应关系。

（3）特征跟踪。特征跟踪是在视频序列中追踪特征点的位置和运动的过程。由于运动模糊的存在，特征点的位置信息会变得模糊不清，特征轨迹的连续性和准确性受到影响。特征点的位置不确定性会导致跟踪算法无法准确地预测物体的运动轨迹，降低跟踪算法的效果。

（4）目标识别和分割。运动模糊给目标识别和分割任务也带来了挑战。目标识别和分割依赖于提取准确的物体特征以区分不同的目标或分割物体边界。然而，在模糊图像中，物体的形状和纹理模糊不清，边缘信息丢失或不明显，导致目标的形状识别和分割困难。这会影响目标的准确性和精度。

（5）目标分类和识别。特征模糊给目标分类和识别任务也带来了挑战。在运动模糊的图像中，物体的纹理和细节模糊不清，导致物体的特征无法被准确提取和匹配。会降低目标分类和识别算法的准确性和可靠性。如在计算机视觉中，常用的基于深度学习的卷积神经网络（CNN）在训练过程中依赖于图像中的细节和纹理信息，但由于运动模糊的影响，这些关键信息可能无法被网络准确地学习和识别。

（6）视频分析和目标追踪。运动模糊给视频分析和目标追踪任务也带来了挑战。视频分析需要对连续帧之间的运动进行建模和分析，而运动模糊会导致物体的运动信息变得模糊不清。这会影响目标追踪算法对目标位置和运动的准确估计。在目标追踪任务中，特征模糊会使目标的外观特征发生变化，使追踪算法难以准确地区分目标和背景，从而导致追踪器的性能下降。

由于运动模糊导致物体的纹理和细节模糊不清，特征点的提取、匹配和跟踪变得困难，目标的形状识别和分割受到挑战，目标的分类和识别准确性降低，视频分析和目标追踪的精度下降。因此，为了克服特征模糊带来的挑战，需要针对性地研究和设计适应运动模糊场景的图像处理算法，并结合图像复原、鲁棒特征描述和多帧图像融合等技术来提高特征的清晰度和可靠性。

4.信息损失

运动模糊对图像中的信息损失产生了显著影响。以下是一些具体方面，描述了运动模糊导致的信息损失及对相关任务的影响。

（1）清晰度降低。运动模糊导致图像中的细节模糊和边缘模糊，降低了图像的清晰度。清晰度是图像中物体轮廓和纹理细节的可见程度。由于运动模糊引起的信息损失，图像中的物体边缘和纹理无法被准确捕捉和表示，使图像显得模糊不清。这会对图像分析和图像识别任务产生负面影响，因为清晰度是许多算法和方法所依赖的重要特征。

（2）细节丢失。运动模糊会导致图像中的细节丢失。细节包括图像中的微小特征、纹理和局部结构等。由于运动模糊造成的信息损失，这些细节无法被准确捕捉和呈现。例如，在医学影像中，细微的组织结构和病变特征可能会因运动模糊而无法清晰显示，对疾病诊断和治疗产生不利影响。同样地，在监控系统中，运动模糊可能导致关键细节无法被准确捕捉和分析，降低了检测力度和安全性能。

（3）信息遮挡。运动模糊可能会导致信息遮挡，使某些图像区域变得模糊或不可见。当物体在图像曝光期间发生运动时，该物体的一部分可能会出现在不同位置，在图像中留下模糊的痕迹。这种信息遮挡会导致关键细节部分丢失，使图像中物体的完整理解和分析受到限制。例如，在交通检测中，运动模糊可能导致车辆牌照号码无法清晰读取，给车辆追踪和违法行为检测造成困扰。

（4）特征丢失。运动模糊会导致图像中的特征丢失，即那些用于描述物体或场景的关键属性的丢失。特征可以是形状、颜色、纹理、角点等。由于运动模糊造成的信息损失，图像中的特征无法被准确提取和表示，使物体或场景的特征难以被识别和分析。例如，在目标检测任务中，由于运动模糊导致的特征丢失，目标的边界和形状信息可能无法被准确提取，导致检测算法的性能下降。

（5）模糊方向的不确定性。运动模糊导致模糊方向的不确定性，即物体在运动过程中的运动方向。由于不同的物体或相机运动方式，导致图像中的模糊方向可能不同。这种模糊方向的不确定性会使图像中的细节和特征模糊的方式具有多样性，从而增加了对图像进一步分析和处理的难度。例如，在目标跟踪任务中，由于模糊方向的不确定性，物体的运动轨迹可能无法准确预测和跟踪，降低了跟踪算法的精度和鲁棒性。

（6）图像重建困难。由于运动模糊引起的信息损失，图像重建变得困难。图像重建是指通过观察到的模糊图像还原出清晰的原始图像。然而，由于运动模糊导致的信息丢失，图像重建算法可能无法准确地恢复出原始图像中的细节和结构。这限制了一些需要高质量图像重建的任务，如医学成像、遥感图像处理等，进一步的数据分析和应用。

（7）数据失真传播。运动模糊会导致图像中的失真信息传播。当模糊图像用于后续处理或传输时，失真信息可能会被进一步放大和传播，影响到整个图像处理和分析的过程。这种失真传播可能导致后续任务的不准确和不可靠。例如，在图像压缩和传输中，由于运动模糊造成的失真传播，图像中的细节丢失和模糊可能会影响到接收端对图像进行准确解码和重建。

（8）算法性能下降。运动模糊对相关算法的性能产生不利影响。许多图像处理和计算机视觉算法在设计时通常假设图像是清晰的，并且对细节和纹理有较高的要求。然而，由于运动模糊导致的信息损失，这些算法的性能可能会下降。例如，图像分割算法可能无法准确提取出物体的边界和区域，图像识别算法可能无法正确分类模糊的物体。这限制了算法的鲁棒性和可靠性，影响了相关任务的准确性和效果。

（9）数据分析的局限性。运动模糊对数据分析产生局限性。在许多领域，如医学影像、遥感图像和监控系统等，图像数据是进行分析和决策的重要依据。然而，由于运动模糊引起的信息损失，图像中的细节丢失和模糊可能限制了对数据的深入分析和理解。这可能导致决策的可靠性下降，从而对相关应用产生负面影响。

运动模糊对图像中的信息损失产生了广泛而深远的影响。它降低了图像的清晰度、细节丰富度和数据质量，限制了图像分析、图像识别和图像重建等任务的效果。运动模糊导致了清晰度降低、细节丢失、信息遮挡、数据质量降低等问题，影响了图像的解释、分析和应用。

（三）运动模糊的应用

尽管运动模糊通常被认为是图像质量的一种负面影响，但在某些情况下，它也可以被视为一种有用的信息。在以下应用中，运动模糊可以提供额外的视觉信息。

1.运动感知与分析

对于运动物体的跟踪和分析，运动模糊可以提供物体的运动方向和速度等信息。通过分析模糊轨迹的方向和形状，可以推断物体的运动模式和行为。

2.艺术创作与表现

在摄影、绘画和艺术创作中，运动模糊可以用作艺术效果的一部分。通过运动模糊的呈现，可以传达物体的动态感和速度感，增加作品的艺术表现力和动感。

3.模拟运动效果

在电影、视频游戏和虚拟现实等领域，通过模拟运动模糊可以增强视觉真实感和沉浸感。例如，在赛车游戏中使用运动模糊效果可以模拟高速行驶的感觉，提供更真实的游戏体验。

4.运动分析与评估

在运动科学、运动训练和运动医学等领域，分析运动模糊可以获取运动员的运动轨迹、姿势和运动动力学参数。这对于运动技能评估、运动损伤分析和运动训练优化具有重要意义。

5.运动重建与追踪

在计算机视觉和计算机图形学领域，通过分析运动模糊可以重建物体的运动轨迹和姿态。这对于目标追踪、动作捕捉和三维重建等任务非常有用。

总结起来，运动模糊是由于物体或相机的运动导致图像模糊的现象。它给图像处理、目标检测和跟踪等任务带来挑战，但同时也在一些领域中具有应用的价值。通过适当的控制和处理，可以减轻运动模糊的影响，或者将其作为一种有用的信息进行利用。

第三节　运动的表达

在空间运动目标检测和跟踪中，运动的表达是指如何描述和表示目标在空间中的运动。为了实现准确的目标跟踪，我们需要采用适当的方式来表达目标的运动状态。

一、位置和速度

在空间运动目标检测和跟踪中，位置和速度是最简单和常用的运动表达方式。通过跟踪目标的位置随时间的变化，我们可以计算出目标的速度矢量，从而描述目标的运动状态。这种方法具有简单直观的特点，适用于速度相对稳定的目标。

（一）位置的表示

目标的位置是指目标在空间中的坐标位置。通常使用笛卡尔坐标系（如二维平面坐标系或三维空间坐标系）来表示目标的位置。在二维平面坐标系中，位置可以用一个二维向量表示，例如 (x, y)，其中 x 和 y 分别表示目标在水平和垂直方向上的位置。在三维空间坐标系中，位置可以用一个三维向量表示，例如 (x, y, z)，其中 x、y 和 z 分别表示目标在三个轴向上的位置。

1.二维平面坐标系的位置表示

在二维平面坐标系中，通常使用笛卡尔坐标系来表示目标的位置。笛卡尔坐标系由两个相互垂直的轴组成，通常被标记为 x 轴和 y 轴。目标的位置可以用一个二维向量 (x, y) 表示，其中 x 表示目标在水平方向上的位置，y 表示目标在垂直方向上的位置。这种表示方式简单直观，适用于描述二维平面上目标的位置信息。

2. 三维空间坐标系的位置表示

在三维空间中，目标的位置需要使用三维向量来表示。类似于二维平面坐标系，三维空间坐标系也由三个相互垂直的轴组成，通常被标记为 x 轴、y 轴和 z 轴。目标的位置可以用一个三维向量（x, y, z）表示，其中 x、y 和 z 分别表示目标在 x 轴、y 轴和 z 轴方向上的位置。这种表示方式适用于描述物体在三维空间中的位置信息，例如目标在真实世界中的位置、航天器在太空中的位置等。

3. 相对坐标的位置表示

在位置表示中，常常采用与参考坐标系原点的相对位置，即相对坐标。相对位置表示可以相对于某个参考点或参考物体进行描述，更加灵活。例如，在二维平面上，可以使用目标相对于某个参考点的水平和垂直距离来表示位置，而不是绝对坐标。这种相对位置表示方式在某些场景下更加方便，例如目标相对于摄像头的位置、目标相对于车辆的位置等。

4. 其他坐标系位置表示

除了笛卡尔坐标系，还有其他坐标系可以用于位置的表示，例如极坐标系和球坐标系。极坐标系使用极径和极角来表示位置，适用于描述目标相对于一个中心点的距离和方向。球坐标系则使用球半径、极角和方向角来表示位置，适用于描述目标相对于一个中心点的距离、方向和仰角。这些坐标系在特定情况下可以提供更加方便和直观的位置表示方式。

在实际应用中，为了更好地表示目标的位置，还可以考虑使用精确度、坐标系转换、尺度变换等技术。精确度表示位置信息的精度或准确度，可以通过指定误差范围或使用测量单位来表示。坐标系转换是将目标的位置从一个坐标系转换到另一个坐标系，常用于不同设备或系统之间的位置对齐和一致性。尺度变换是将目标的位置从一个尺度转换到另一个尺度，常用于不同分辨率或比例尺下的位置表示。

总结起来，目标的位置可以使用笛卡尔坐标系（二维平面坐标系或三维空间坐标系）来表示，通过坐标向量（x, y）或（x, y, z）来描述目标在空间中的位置。此外，还可以采用相对位置表示、其他坐标系（如极坐标系和球坐标系）、位置的相对关系或区域描述等方式来更加灵活和全面地表达目标的位置信息。在实际应用中，还可以考虑精确度、坐标系转换和尺度变化等因素来提高位置表示的准确性和适用性。

（二）速度的表示

目标的速度是指目标在空间中的运动速度，它描述了目标每单位时间内的位置变化量。速度的表示通常使用速度矢量，它包含了速度的方向和速度的大小。

在二维平面中，速度矢量可以使用一个二维向量表示，例如（v_x, v_y），其中 v_x 表示目标在水平方向上的速度分量，v_y 表示目标在垂直方向上的速度分量。这种表示方式可以用来描述目标在平面上的运动，例如物体沿着直线路径运动或者在平面上做简单的运动模式。

在三维空间中，速度矢量可以使用一个三维向量表示，例如（v_x, v_y, v_z），其中 v_x、v_y 和 v_z 分别表示目标在三个轴向上的速度分量。这种表示方式适用于描述目标在立体空间中的运动，例如物体在三维空间中自由移动或者在复杂的轨迹上运动。

速度的大小可以通过计算速度矢量的模来表示，即速度矢量的长度。速度的方向可以通过计算速度矢量与参考方向之间的夹角来表示，例如相对于水平轴的夹角或者相对于一个参考物体的夹角。

除了使用速度矢量表示速度，还可以使用其他方式来描述速度的特性。例如，平均速度可以用来描述目标在一段时间内的平均位置变化量，即目标从初始位置到最终位置的位移除以时间间隔。瞬时速度则表示目标在某一时刻的即时速度，可以通过对位置关于时间的导数来计算。

在实际应用中，为了更好地表示速度，还需要考虑坐标系转换、速度的精确度和单位等因素。坐标系转换可以将速度从一个坐标系转换到另一个坐标系，以满足不同系统或设备之间的一致性要求。速度的精确度可以表示速度测量的准确度或误差范围，例如使用标准偏差或置信区间来描述。速度的单位可以根据具体应用需求选择合适的单位，例如米/秒、千米/小时等。

目标的速度可以用速度矢量来表示，包括速度的方向和大小。在二维平面中可以使用二维向量（v_x, v_y），在三维空间中可以使用三维向量（v_x, v_y, v_z）。

速度的大小可以通过计算速度矢量的模来得到，速度的方向可以通过计算速度矢量与参考方向的夹角来确定。

（三）运动模型和预测

通过跟踪目标位置随时间的变化，我们可以根据位置的变化来计算目标的速度。一种简单的方法是使用两个相邻位置之间的差异来估计目标的平均速度。例如，如果我们知道目标在时刻 t_1 的位置为 $P_1=(x_1, y_1)$，在时刻 t_2 的位置为 $P_2=(x_2, y_2)$，则可以计算出目标的平均速度为 $v=(\Delta x/\Delta t, \Delta y/\Delta t)$，其中 $\Delta x=x_2-x_1$，$\Delta y=y_2-y_1$，$\Delta t=t_2-t_1$。

位置和速度是最简单和常用的运动表达方式，适用于速度相对稳定的目标。然而，对于具有加速度和非线性运动的目标，需要更复杂的运动模型和表达方式来准确描述其运动特征。此外，运动轨迹和运动特征描述子等表达方式也为进一步分析和理解目标的运动行为提供了重要的信息。

二、运动参数化

运动参数化是将目标的运动状态用一组参数进行表示的方法。通过参数化，我们可以捕捉目标的运动特征，方便运动目标的检测和跟踪。

（一）运动模型参数化

运动模型是一种描述目标运动规律的数学模型。常见的运动模型参数化方法包括线性模型和非线性模型。线性模型假设目标的运动是线性的，即目标的位置和速度之间存在线性关系。线性模型的参数通常包括位置和速度的分量。例如，在二维平面中，可以使用位置的 x 和 y 坐标及速度的水平和垂直分量表示目标的线性运动模型。线性模型的优点是简单直观、计算效率高。但是，它的局限性在于无法描述复杂的非线性运动。

相对于线性模型，非线性模型更加灵活，能够适应更复杂的运动情况。非线性模型的参数化方法有很多种，常见的包括基于物理模型、基于状态空间模型和基于轨迹拟合等。这些方法可以通过建立更复杂的数学模型来描述目标的运动特征，如考虑目标的加速度、旋转等因素。非线性模型的优点是能够更准确地描述目标的运动，但它也带来了计算复杂性的挑战。

在实际应用中，选择合适的运动模型参数化方法需要考虑目标的特性及应用场景的需求。在某些情况下，简单的线性模型已经足够满足需求，而在其他情况下，需要采用更复杂的非线性模型来精确描述目标的运动。

为了估计运动模型的参数，常用的方法包括最小二乘法、卡尔曼滤波、粒子滤波等。这些方法通过利用观测数据和先验知识，对模型的参数进行优化和更新，提高对目标运动状态的估计精度。

总结起来，运动模型的参数化是一种重要的运动表达方式，它可以通过数学模型和一组参数来描述目标的运动规律。线性模型适用于简单的线性运动情况，而非线性模型更加灵活，适用于复杂的非线性运动情况。选择适当的运动模型参数化方法需要根据具体的应用需求和目标特性进行综合考虑，而参数估计方法则可以用于优化模型参数，提高对目标运动状态的评估精度。

（二）姿态参数化

姿态参数化是描述目标姿态（旋转角度和方向）的一种方法，它对于空间运动目标的检测和跟踪非常重要。姿态参数化能够帮助我们理解目标的朝向和朝向变化，从而更好地理解目标的运动特征。

在三维空间中，常见的姿态参数化方法包括旋转矩阵、欧拉角和四元数。这些方法都提供了一种描述目标姿态的数学表示形式，每种方法都有其特点和适用性。

1. 旋转矩阵

旋转矩阵是一个 3×3 的正交矩阵，它描述了目标在三维空间中的旋转姿态。旋转矩阵的每一列（或每一行）表示目标在坐标系中的三个轴向上的单位向量，这些单位向量构成了一个正交基。旋转矩阵可以用于计算目标在空间中的旋转变换，例如将目标的坐标系转换到世界坐标系或其他坐标系。

2. 欧拉角

欧拉角是一种常用的姿态参数化方法，它通过三个旋转角度来描述目标的姿态。常见的欧拉角序列包括欧拉角顺序（roll、pitch、yaw）和欧拉角顺序（yaw、pitch、roll）。通过连续旋转目标的三个轴向，可以得到目标的姿态变化。欧拉角的优点是直观易懂，易于理解目标的旋转姿态。然而，欧拉角存在"万向节死锁"问题，即某些姿态下，两个轴的旋转会导致另一个轴的旋转失效。

3.四元数

四元数是一种复数扩展的数学工具，用于描述三维空间中的旋转。它由一个标量部分和三个虚部分组成，可以用于表示目标的旋转姿态。四元数的运算可以支持旋转的组合、插值和逆运算。相比于欧拉角，四元数具有较少的运算复杂性和更好的数值稳定性。因此，在姿态估计和姿态插值等应用中，四元数常被用作姿态参数化的方法。

4.其他方法

除了上述方法，还有其他姿态参数化的方法，如轴角表示、方向余弦矩阵等。轴角表示使用一个单位向量和旋转角度来描述姿态，它是一种简单直观的参数化方法，适用于描述目标的旋转。方向余弦矩阵是一个 3×3 的矩阵，描述了目标坐标系相对于参考坐标系的旋转关系。它可以用于旋转变换和姿态估计，具有良好的数学性质和可计算性。

选择合适的姿态参数化方法需要考虑目标的特性和应用需求。旋转矩阵提供了一个直接的数学描述，但其计算和运算复杂度较高。欧拉角具有直观性，但可能受到万向节死锁问题的限制。四元数在旋转计算和插值方面具有优势，但对于直观理解姿态可能较为困难。

在实际应用中，选择合适的姿态参数化方法取决于具体的任务需求和算法设计。如果需要对目标的姿态进行准确估计和精确跟踪，四元数或旋转矩阵可能是更合适的选择，尤其是在涉及姿态插值和复杂旋转组合的情况下。如果需要简单的姿态表示和直观的可解释性，欧拉角或轴角表示可能更适用。因此，根据具体的应用场景和要求，选择合适的姿态参数化方法是非常重要的。

总之，姿态参数化是空间运动目标检测和跟踪中的重要概念，它通过合适的数学表示形式来描述目标的旋转姿态。旋转矩阵、欧拉角、四元数等方法各有优劣，选择合适的方法需要综合考虑目标特性、计算复杂性、数值稳定性和应用需求。姿态参数化的正确选择有助于准确描述目标的姿态状态，为运动目标检测和跟踪提供可靠的基础。

（三）运动轨迹参数化

运动轨迹参数化是一种描述目标运动的方法，它能够通过拟合运动轨迹来近似表示目标的运动路径。常见的参数化方式包括多项式拟合和样条曲线，它们在描述运动轨迹方面具有不同的特点和适用性。

多项式拟合是一种常用的运动轨迹参数化方法。它通过拟合一系列多项式函数来逼近目标的运动轨迹。多项式拟合可以根据实际需要选择不同阶数的多项式，平衡拟合的精度和复杂度。较低阶的多项式可以用于近似描述简单的直线或平滑曲线运动，而较高阶的多项式可以更准确地逼近目标的运动轨迹，包括复杂的曲线和弯曲路径。多项式拟合的优点是简单直观、易于计算和实现。然而，它的缺点是容易受到噪声和异常值的干扰，在曲线的端点处可能出现较大的拟合误差。

样条曲线是另一种常见的运动轨迹参数化方法。样条曲线通过连接一系列插值点来逼近目标的运动轨迹。它的特点是可以更加灵活地描述目标的曲线运动，能够处理曲线的变化和转折。样条曲线可以通过插值方法（如线性插值、二次样条插值、三次样条插值等）生成平滑连续的轨迹，并且可以控制插值点之间的曲率和切线方向，以适应不同的运动情况。样条曲线的优点是在拟合复杂曲线时具有较好的灵活性和逼近能力，同时对噪声和异常值具有一定的鲁棒性。然而，样条曲线的计算复杂度较高，需要较多的插值点和曲线参数。

在实际应用中，选择适合的运动轨迹参数化方法还需要考虑其他因素。例如，对实时目标跟踪应用、计算效率和实时性是重要考虑因素，因此，可能更倾向于选择较简单的多项式拟合方法。另外，还可以根据具体情况进行参数调整和模型优化，以提高拟合精度和适应不同的运动模式。

总之，运动轨迹参数化是一种重要的目标运动描述方法，多项式拟合和样条曲线是常见的参数化方式。选择合适的方法需要综合考虑目标的运动特性、拟合精度需求、计算资源和实时性等因素。通过合理选择和优化，可以有效地描述和跟踪目标的运动轨迹。

三、运动模型

运动模型是一种用数学方程描述目标运动的方法。常见的运动模型包括匀速运动模型、匀加速运动模型、随机游走模型等。通过根据目标的历史运动数据拟合适当的模型参数，我们可以预测目标未来的位置和速度，实现目标的预测和跟踪。

（一）匀速运动模型

匀速运动模型是一种简单而常见的运动模型，用于描述目标在直线上以恒定速度进行运动的情况。它的数学表达为：

$$P_t = P_{t-1} + v \cdot \Delta t$$

其中，P_t 表示目标在时刻 t 的位置，P_{t-1} 表示上一时刻的位置，v 表示目标的速度向量，Δt 表示时间间隔。

在匀速运动模型中，目标在单位时间内以相同的速度移动，且运动方向保持不变。这种模型假设目标不受任何外部势力或阻力的影响，即其速度和方向始终保持恒定。

匀速运动模型在空间运动目标检测和跟踪中具有广泛的应用。以下是一些关键点，详细介绍了匀速运动模型的特点和应用。

1. 简单而直观

匀速运动模型是最简单的运动模型之一。它的数学表达简洁明了，容易理解和实现。通过假设目标的运动速度恒定且方向不变，我们可以轻松地进行目标位置的预测和跟踪。

2. 适用范围广

匀速运动模型适用于描述目标在直线上的匀速运动情况。无论是汽车、飞机、船只还是其他物体在直线路径上的运动，都可以使用匀速运动模型进行建模和预测。它在很多实际应用中都能提供准确的结果。

3. 独立于时间

匀速运动模型独立于时间，即目标的位置变化仅与速度和时间间隔有关，而与具体的时间点无关。这使匀速运动模型在某些情况下更加灵活和便于应用。例如，在连续视频帧中，我们可以使用匀速运动模型来估计目标的位置，而无须准确的时间戳信息。

4. 局限性

尽管匀速运动模型在某些情况下非常有用，但它也存在一些局限性。其一，它无法描述目标在非直线路径上的运动。如果目标的运动轨迹存在曲线或弯曲，匀速运动模型就无法准确地描述其运动行为。其二，匀速运动模型也无法捕捉到目标在运动过程中可能变化的速度情况。在现实世界中，目标的速度可能会因为外部因素的影响而发生变化，如加速度、阻力、摩擦力等。匀速运动模型无法考虑这些因素，故在描述复杂的真实运动时可能存在误差。

5. 参数估计

对于匀速运动模型，关键是确定目标的速度向量。通常，我们可以通过观测目标在不同时间点的位置数据来估计速度。根据已知的位置信息和时间间隔，可以使用最小二乘法或其他拟合方法来计算出合适的速度参数。这样，我们就可以利用模型进行目标位置的预测和跟踪。

6. 实际应用

匀速运动模型在许多领域都有实际应用。例如，在交通检测中，通过跟踪车辆的位置信息，可以利用匀速运动模型来估计车辆的行驶速度和行驶路线。在航空航天领域，匀速运动模型可以用来预测卫星或航天器的位置和轨道。此外，匀速运动模型还可以在物流和运输领域中用于优化路径规划和货物追踪。

虽然匀速运动模型具有一定的局限性，但它作为一种简单而直观的运动模型，仍然在许多应用中发挥着重要作用。在实际应用中，我们还可以结合其他运动模型，如匀加速运动模型或随机游走模型，更准确地描述目标的运动行为。根据具体的应用需求和目标特点，选择合适的运动模型是实现目标预测和跟踪的关键一步。

（二）匀加速运动模型

匀加速运动模型假设目标在单位时间内以恒定加速度变化的速度进行运动。这种模型适用于描述目标在直线上的匀加速或变速运动情况。

1. 基本假设

目标在单位时间内的速度变化率（加速度）恒定。运动发生在直线上，运动方向不变。

2. 数学表达

位置表达：目标的位置可以通过位置函数来描述，一般用符号 $s(t)$ 表示，其中 t 表示时间。位置函数 $s(t)$ 是时间 t 的函数，表示目标在不同时刻的位置。

速度表达：目标的速度可以通过速度函数来描述，一般用符号 $v(t)$ 表示。在匀加速运动模型中，速度函数是时间 t 的一次函数，表示目标在不同时刻的速度。

加速度表达：目标的加速度可以通过加速度函数来描述，一般用符号 a 表示。在匀加速运动模型中，加速度是常数，表示目标在任意时刻的加速度值。

3. 运动方程：

在匀加速运动模型中，我们可以得到以下运动方程：

速度方程：

$$v(t) = v_0 + at$$

其中，$v(t)$ 表示时间 t 时刻的速度，v_0 表示初始速度，a 表示加速度，t 表示时间。

位置方程：

$$s(t) = s_0 + v_0 t + 0.5at^2$$

其中，$s(t)$ 表示时间 t 时刻的位置，s_0 表示初始位置，v_0 表示初始速度，a 表示加速度，t 表示时间。

4. 参数估计

对于匀加速运动模型，关键是确定初始速度 v_0 和加速度 a 的值。通常，我们可以通过观测目标在不同时间点的位置或速度数据来估计这些参数。利用最小二乘法或其他拟合方法，可以找到合适的参数值，以便根据模型进行目标位置和速度的预测。

5. 实际应用

匀加速运动模型在许多领域都有实际应用。例如，在运动物体的轨迹预测和跟踪中，可以利用匀加速运动模型来估计物体的加速度和速度，从而预测物体未来的位置和速度。在交通检测和智能交通系统中，匀加速运动模型可以用于预测车辆的行驶轨迹和速度，从而实现交通流量优化和事故预防。在航空航天领域，匀加速运动模型可用于火箭和卫星的轨道设计和控制。

6. 模型的局限性和改进

尽管匀加速运动模型在描述某些运动情况下是有效的，但它也存在一些局限性。其一，该模型假设加速度恒定，忽略了外部因素的影响，如空气阻力、摩擦力等。因此，在高速运动或存在复杂环境的情况下，该模型可能不够准确。其二，匀加速运动模型适用于描述直线运动，对于弯曲或曲线运动则不适用。

为了改进匀加速运动模型的准确性和适用性，可以考虑以下方面。

引入更复杂的运动模型，如匀加速度运动模型，考虑加速度随时间变化的情况。

结合其他传感器数据，如加速度计、陀螺仪等，获取更多的运动参数。

使用机器学习和深度学习技术，通过训练模型从大量实际运动数据中学习运动模式和规律。

总之，匀加速运动模型是一种常见且有实际应用的运动模型，可以用于描述目标在直线上的加速或变速运动。它通过估计初始速度和加速度的值，实现对目标未来位置和速度的预测。然而，需要注意该模型的局限性，并根据实际情况进行适当的改进和优化。

（三）随机游走模型

随机游走模型是一种常见的运动模型，用于描述目标的无规律运动情况。该模型假设目标的运动是随机的，并且在每个时间步骤中受到一定程度的随机扰动。随机游走模型在目标跟踪和移动目标预测等任务中具有广泛的应用。

1.随机游走模型的基本原理

随机游走模型认为目标在每个时间步骤中的运动是由随机因素驱动的，没有明确的规律或趋势可言。在每个时间步骤中，目标会随机选择一个运动方向，并在该方向上前进一定的距离。此外，模型还考虑到随机扰动，这些扰动会引入目标运动的不确定性。

2.随机游走模型的数学表示

随机游走模型可以用数学方式表示为：

$$X(t)=X(t-1)+D(t)+E(t)$$

其中，$X(t)$ 表示目标在时间步骤 t 的位置，$X(t-1)$ 表示上一个时间步骤的位置，$D(t)$ 表示目标在时间步骤 t 的随机运动方向，$E(t)$ 表示随机扰动项。

3.随机游走模型的参数估计

为了使用随机游走模型进行目标跟踪或预测，需要估计模型的参数，如随机运动方向和随机扰动项的统计特性。通过分析目标历史运动数据来实现。可以使用统计方法，如最小二乘法或最大似然估计，来拟合模型并估计参数。

4.随机游走模型的实际应用

随机游走模型在目标跟踪和移动目标预测等任务中具有广泛的应用。例如，在行人跟踪领域，由于行人的运动具有一定的随机性，可以使用随机游走模型来描述行人在拥挤环境中的运动轨迹。在无人驾驶和机器人导航中，随机游走模型可以用于模拟障碍物或目标的运动，以便规划最佳路径和避免碰撞。

5.随机游走模型的局限性

随机游走模型的主要局限性在于其假设目标的运动是完全随机的，并没有考虑到环境的影响和目标自身的动力学特性。因此，在实际应用中，随机游走模型可能无法准确描述复杂的运动模式，尤其是在存在明显趋势或规律的运动情况下。此外，随机游走模型通常无法提供对目标未来位置的准确预测，因为它主要依赖于随机性。

为了克服随机游走模型的局限性，可以采用更复杂的运动模型，如基于物理原理的运动模型或基于统计学习的模型。基于物理原理的运动模型考虑了目标的动力学特性和环境条件，能够更准确地描述目标的运动行为。这种模型通常基于牛顿力学或其他物理原理，包括目标的质量、力和加速度等因素。基于统计学习的模型利用机器学习算法从大量的历史运动数据中学习目标的运动模式和规律，能够适应不同的目标和环境条件。

除了匀速运动模型、匀加速运动模型和随机游走模型，还有其他一些常见的运动模型，如圆周运动模型、螺旋运动模型等，它们适用于描述特定的运动形式。在实际应用中，根据目标的运动特性和数据情况，选择合适的运动模型非常重要。有时候也可以采用组合模型或混合模型，将不同的运动模型结合起来，以更好地描述目标的运动行为。

总而言之，运动模型是一种用数学方程描述目标运动的方法。匀速运动模型、匀加速运动模型和随机游走模型是常见的运动模型。每种模型都有其适用的场景和局限性。选择合适的运动模型是实现目标跟踪和预测的关键步骤，可以通过参数估计和模型优化提高模型的准确性和鲁棒性。同时，结合其他领域的知识和技术，如传感器数据融合、目标检测和图像处理等，可以进一步提高目标检测和跟踪的效果。

四、运动特征描述

运动特征描述是一种基于目标的局部或全局特征表示运动的方法。常见的运动特征包括光流（描述像素的运动方向和速度）、运动边缘（描述目标边缘的运动）、形状变化（描述目标形状的变化）等。通过提取和匹配这些特征，我们可以获取目标的运动信息。

（一）光流

光流是一种基于计算机视觉的技术，用于描述图像中像素的运动情况。它是通过分析图像序列中的像素强度变化推断像素的运动方向和速度。光流方法广泛应用于运动目标的检测和跟踪，以及视频分析和场景理解等领域。

光流方法的基本原理是基于两个关键假设：亮度恒定假设和连续性假设。亮度恒定假设指出在一个小的时间间隔内，同一物体上的像素在图像中的亮度保持不变。连续性假设指出相邻像素之间的运动是连续的，即相邻像素的运动方向和速度相似。

基于这些假设，光流方法可以分为两种类型：稠密光流和稀疏光流。

1.稠密光流

稠密光流方法用于估计整个图像中每个像素的运动向量。它通过计算每个像素在连续帧之间的像素强度变化来推断像素的运动。常见的稠密光流方法包括基于亮度梯度的方法和基于能量最小化的方法。

（1）基于亮度梯度的方法。这种方法通过计算图像中每个像素在 x 和 y 方向上的亮度梯度来推断像素的运动方向和速度。通过求解亮度梯度方程或其他优化问题，可以得到每个像素的运动向量。

（2）基于能量最小化的方法。这种方法将光流估计问题转化为能量最小化问题。通过定义一个能量函数，其中包括数据项和平滑项，可以通过优化能量函数得到每个像素的运动向量。

2.稀疏光流

稀疏光流方法选择一些关键点或特征点，并在这些点上估计运动向量。这种方法通过在图像中选择具有明显运动的像素或特征点减少计算量。常见的稀疏光流方法包括基于特征点匹配的方法和基于局部窗口的方法。

（1）基于特征点匹配的方法。这种方法通过在图像中检测和跟踪特征点，利用特征点的位置变化推断像素的运动信息。通过匹配特征点的位置，可以计算它们之间的运动向量。

（2）基于局部窗口的方法。这种方法在图像中选择一个局部窗口，并利用窗口内像素的相对位置变化估计像素的运动。通过在窗口内对像素进行匹配或优化，可以得到窗口内像素的运动向量。

在实际应用中，光流方法通常需要解决一些挑战和限制。

首先，光流方法在光照变化和亮度不均匀的情况下容易受到干扰，导致运动估计不准确。为了克服这些问题，可以引入其他信息，如颜色和纹理信息，以改进光流的估计结果。

其次，遮挡是一个常见的问题，当目标被其他物体遮挡时，光流方法可能无法准确估计目标的运动。为了解决这个问题，可以使用更复杂的模型或引入时序信息进行运动估计和插值。

最后，非刚性物体的运动也是光流方法的挑战之一，因为非刚性物体的像素运动通常不满足亮度恒定和连续性假设。针对这些问题，可以采用更高级的模型和算法，如基于光流场的非刚性形变建模。

尽管存在这些挑战，光流方法仍然是运动目标检测和跟踪中常用的技术之一。它可以提供关于目标运动的重要信息，为目标检测、行为分析、视频压缩和机器人导航等应用提供支持。随着计算机视觉和机器学习领域的不断发展，光流方法也在不断演进和改进，以提高其准确性、鲁棒性和适用性。

（二）运动边缘

运动边缘是运动目标在连续帧之间边缘位置发生变化的视觉特征。通过检测目标边缘并跟踪其在连续帧中的位置变化，可以获取目标的运动轨迹和速度信息，从而实现目标的检测和跟踪。

在运动边缘检测中，常用的算法包括 Canny 边缘检测和 Sobel 算子等。这些算法基于图像中像素强度的变化来检测边缘，并提供边缘的位置信息。

Canny 边缘检测是一种经典的边缘检测算法，具有良好的准确性和边缘连接性。该算法首先对图像进行高斯平滑，以减少噪声的影响。其次，通过计算图像梯度的幅值和方向，选择梯度幅值高于阈值的像素作为初步边缘。最后，应用非极大值抑制和双阈值处理精化边缘，并连接断裂的边缘段。

Sobel 算子是一种基于梯度的边缘检测算子，常用于图像的边缘检测。它通过在图像中应用 Sobel 卷积核来计算像素在水平和垂直方向上的梯度值，并根据梯度的幅值和方向判断像素是否属于边缘。

在运动边缘跟踪中，我们可以利用目标边缘在连续帧之间的位置变化推断目标的运动。一种常见的方法是使用光流技术，通过分析像素强度的变化估计像素的运动方向和速度。光流方法可以用于跟踪目标边缘的运动，并计算出目标的整体运动轨迹和速度信息。

运动边缘描述对于目标的检测和跟踪具有重要意义。它可以提供关于目标位置、移动方向和速度的信息，有助于理解目标的运动行为和动态变化。运动边缘描述在许多应用领域中发挥着重要作用，如视频监控、智能交通系统、行人检测和行为分析等。

然而，运动边缘描述也面临一些挑战。一是，噪声和图像质量问题可能导致边缘检测的不准确性。二是，目标遮挡、光照变化和复杂背景等因素可能干扰运动边缘的检测和跟踪。三是，快速运动、运动模糊和镜头抖动等因素也可能对运动边缘的准确性产生影响。

为了克服这些挑战，研究人员提出了许多改进的方法。一种常见的策略是结合多种边缘检测算法，以提高边缘检测的鲁棒性和准确性。例如，可以使用基于多尺度的边缘检测算法来检测不同尺度下的边缘信息。此外，通过使用自适应阈值和边缘连接算法，可以处理图像中不同区域的边缘强度变化和断裂。

在运动边缘跟踪中，光流技术是一种常用的方法。然而，光流算法在面对快速运动和低纹理区域时可能存在困难。因此，研究人员还提出了其他跟踪方法，如基于特征点的跟踪和基于区域的跟踪。这些方法利用目标的局部特征或运动区域来进行跟踪，提高了对复杂运动情况的跟踪效果。

除了运动边缘的检测和跟踪，还可以利用运动边缘的特征进行目标识别和行为分析。例如，通过分析运动边缘的方向和形状变化，可以识别特定动作或行为模式。此外，还可以利用运动边缘的轨迹和速度信息来预测目标的未来位置和行动意图。

通过运动边缘的检测和跟踪，可以获取目标的运动轨迹和速度信息，为目标的检测和跟踪提供基础。然而，运动边缘描述仍然面临一些挑战，需要结合多种方法和技术来提高其准确性和鲁棒性，以满足不同应用场景的需求。

（三）形状变化

形状变化描述是空间运动目标检测和跟踪领域中的重要研究内容，它通过分析目标在运动过程中的形状变化，提供关于目标运动的关键信息。形状变化描述方法主要包括基于轮廓的形状描述和基于形状模型的变形分析。

1. 基于轮廓的形状描述

基于轮廓的形状描述是一种常用的形状变化描述方法，它通过提取目标的边界轮廓并分析轮廓的形状变化来推断目标的运动信息。以下是基于轮廓的形状描述的主要步骤。

（1）边缘检测。在连续帧中对目标进行边缘检测，将目标的边界轮廓提取出来。常用的边缘检测算法包括 Canny 边缘检测和 Sobel 算子等。

（2）轮廓匹配。将连续帧中的目标轮廓进行匹配，找到它们之间的对应关系。常用的轮廓匹配方法包括基于轮廓的特征描述子和形状上下文等。

（3）形状变化分析。通过比较目标的轮廓在连续帧中的形状变化，可以获得目标的形状变化信息。常用的形状变化分析方法包括轮廓长度变化、轮廓面积变化和轮廓形状变量等。

基于轮廓的形状描述方法具有直观、简单的特点，适用于一些目标形状变化较明显的情况。然而，它对于目标的非刚性变形和遮挡等情况的处理能力相对较弱。

2. 基于形状模型的变形分析

基于形状模型的变形分析是一种更加灵活和鲁棒的形状变化描述方法，它通过建立目标的形状模型，并分析模型的变形来描述目标的形状变化。以下是基于形状模型的变形分析的主要步骤。

（1）形状建模。对目标的形状进行建模，可以使用基于统计形状模型，如 Active Shape Models（ASM）、Active Appearance Models（AAM）等，或基于机器学习的方法，如支持向量机、深度学习等。

（2）变形分析。将形状模型与连续帧中的目标进行对齐。对齐形状模型与目标形状之间的关键点或特征点，可以获得目标的形状变化信息。可以使用配准技术，如 Procrustes 分析或 Thin-Plate Spline（TPS）变形来实现形状的对齐。

（3）形状变化描述。通过比较形状模型的变形参数，可以描述目标在连续帧中的形状变化。这些变形参数可以包括平移、旋转、缩放及非刚性形变等信息。通过分析这些变形参数的变化趋势，可以获得关于目标运动的重要信息，如运动方向、速度及形状的变形程度等。

基于形状模型的变形分析方法相对于基于轮廓的形状描述方法更加灵活和鲁棒。它可以处理目标的非刚性形变、遮挡部分目标缺失等情况。然而，特别是在复杂的场景中建立准确的形状模型及进行准确的形状对齐仍然是挑战。

形状变化描述在空间运动目标的检测和跟踪中具有重要意义。通过分析目标的形状变化，可以提供关于目标的运动模式、路径和运动状态的信息。对于许多应用领域，如视频监控、行人检测、行为分析及虚拟现实等都至关重要。形状变化描述方法的发展将进一步提升目标检测和跟踪的准确性和鲁棒性。

五、运动轨迹

通过跟踪目标的轨迹，我们可以获取关于目标运动的丰富信息，如运动模式、轨迹形状、速度变化等。运动轨迹可以用于目标的实时检测、行为分析、目标预测和路径规划等应用。

（一）二维轨迹表示

二维轨迹表示是指在平面坐标系中描述目标运动路径的方法。以下是二维轨迹表示的主要内容。

1.轨迹数据采集

轨迹数据采集是二维轨迹表示的关键步骤，通过目标检测和跟踪算法，获取目标在连续帧中的位置信息。

（1）目标检测。目标检测是指在图像或视频中准确定位和识别目标的过程。可以通过使用各种目标检测算法来实现，如基于特征的方法（Haar 特征、HOG 特征）、基于机器学习的方法（支持向量机、卷积神经网络）及基于深度学习的方法（Faster R–CNN、YOLO）等。这些算法能够在图像或视频中检测出目标所在的位置和大小。

（2）目标跟踪。目标跟踪是指在连续帧中追踪目标的过程，将目标在不同帧之间进行关联和匹配，以获得目标的运动轨迹。目标跟踪算法可以根据目标的特征信息（如颜色、纹理、形状等）或运动模型来进行跟踪。常用的目标跟踪算法包括基于相关滤波器的方法（KCF、DCF）、粒子滤波器（Particle Filter）和卡尔曼滤波器（Kalman Filter）等。

（3）位置表示。在目标跟踪过程中，目标的位置信息通常用目标的边界框来表示。边界框是一个矩形框，将目标的位置包围起来。边界框的表示形式可以是左上角和右下角的坐标、中心点和宽高等。

（4）关键点表示。除了边界框，还可以使用关键点（Landmark）来表示目标的位置信息。关键点是目标的显著特征点，可以是目标的角点、关节点、特定的纹理点等。通过检测和跟踪这些关键点，在连续帧中获得目标的位置变化。关键点表示更加精细和灵活，能够捕捉目标的细节变化。

（5）轨迹数据的融合。在多目标场景中，需要将多个目标的轨迹数据进行融合，以获取整体的运动轨迹。轨迹数据融合可以使用数据关联和匹配的方法，通过比较不同目标的特征和运动模式，确定它们之间的对应关系。

通过轨迹数据的采集，我们可以获得目标在连续帧中的位置信息，构建目标运动轨迹。这些轨迹数据可以用于进一步的分析和应用，如运动模式识别、行为分析、目标预测和路径规划等。

2.轨迹连接

通过轨迹连接，我们可以获得目标在时间上的运动轨迹，进行轨迹分析、行为理解和路径规划等任务。常见的轨迹连接方法包括简单的直线连接和更复杂的插值方法，如线性插值和样条插值等。

（1）直线连接。直线连接是最简单的轨迹连接方法，将连续帧中的目标位置直接用直线段连接起来。该方法适用于目标的运动速度较慢或连续帧之间的时间间隔较短的情况。直线连接方法的优点是简单直观、计算效率高。然而，它无法准确捕捉目标的加速度和运动曲线，对于速度较快或非线性运动的目标可能存在较大的误差。

（2）线性插值。线性插值是一种常用的轨迹连接方法，通过在连续帧之间进行线性插值，从而在轨迹上生成平滑的路径。具体步骤为：在两个连续帧之间，计算目标在 x 轴和 y 轴方向上的位移，并将其分别与时间进行线性插值，得到目标在每个时间步长上的位置。然后，将这些插值点按照时间顺序连接起来，形成平滑的轨迹。线性插值方法能够较好地捕捉目标的速度变化和运动方向，适用于目标的线性运动模式。

（3）样条插值。样条插值是一种更复杂的轨迹连接方法，使用样条函数对连续帧中的目标位置进行插值，从而生成光滑的轨迹。常用的样条插值方法包括线性样条插值、二次样条插值和三次样条插值等。这些方法通过在每个连续帧之间拟合局部样条曲线，在整个轨迹上获得更加连续和光滑的路径。样条插值方法能够更好地处理目标的非线性运动和加速度变化，提供更准确的轨迹表示。

在进行轨迹连接时，需要考虑连续帧之间的时间间隔、目标的运动速度和加速度等因素。较小的时间间隔和适当的插值方法可以提高轨迹的准确性和平滑性。此外，还可以结合目标的运动模式和轨迹特征进行轨迹连接的优化。

3.轨迹特征提取

在二维轨迹表示中，轨迹特征提取是一项关键任务，它可以帮助我们从轨迹数据中获取有关目标运动的重要信息。

（1）轨迹长度。轨迹长度是指轨迹所经过的路径的总长度。通过计算轨迹中各个点之间的距离并求和，可以得到轨迹的长度。轨迹长度反映了目标在一段时间内移动的总距离，可以用于评估目标的活动范围和移动速度。

（2）平均速度。平均速度是指目标在轨迹上移动的平均速度。通过将轨迹的总长度除以轨迹的时间间隔，可以计算得到平均速度。平均速度可以提供目标运动的整体速度信息，用于评估目标的运动快慢。

（3）最大加速度。最大加速度表示目标在运动过程中的最大加速度值。通过计算相同时间间隔的轨迹上各点之间的速度差，并找到最大的速度差值，即可得到最大加速度。最大加速度反映了目标在运动过程中的加速度变化情况，可以用于分析目标的运动稳定性和突发运动情况。

（4）运动方向。运动方向是指目标在轨迹上运动的方向。可以通过计算相同时间间隔的轨迹上相邻点之间的方向角度或者使用向量运算方法获取运动方向信息。运动方向可以描述目标的运动路径，有助于分析目标的移动趋势和运动规律。

（5）轨迹形状特征。除了基本的数值特征，还可以提取轨迹的形状特征。

例如，可以计算轨迹的曲率或者拟合轨迹为曲线描述其形状。轨迹形状特征可以提供更丰富的信息，用于区分不同的运动模式或者分析目标的运动路径特点。

（6）轨迹频率特征。轨迹频率特征描述目标在轨迹上的频繁程度。可以通过计算轨迹上的频率或者使用频域分析方法提取频率特征。轨迹频率特征可以用于识别目标的运动模式或者行为类型。

（7）轨迹分段特征。对于较长的轨迹，可以将其分段并提取每个轨迹段的特征。例如，可以将轨迹分割为固定长度的子轨迹或者根据目标的动作变化将其分段。然后针对每个轨迹段提取相应的特征，如长度、速度、加速度等。这样可以更细致地描述目标的运动变化情况。

（8）轨迹形状描述子。轨迹形状描述子是一种更高级的轨迹特征表示方法，将轨迹转换为一组特征向量或者特征描述子。这些描述子可以基于轨迹的形状、方向、速度等方面，用于表示轨迹的整体特征。常见的轨迹形状描述子包括 HOG（Histogram of Oriented Gradients）、SIFT（Scale-Invariant Feature Transform）、HOF（Histogram of Optical Flow）等。

（9）轨迹聚类特征。对于大量的轨迹数据，可以使用聚类方法将轨迹分为不同的类别，并提取每个类别的特征。聚类特征可以用于发现不同的运动模式、行为类型或者目标群体。

（10）轨迹时间序列分析。除了基于轨迹的空间特征，还可以对轨迹数据进行时间序列分析。可以使用时间序列模型、频域分析等方法，提取轨迹数据的周期性、趋势性等特征。这些特征可以用于描述目标的周期性运动、运动趋势等。

通过提取适当的特征，我们可以更全面地描述目标的运动模式、运动特征和行为规律，为后续的运动目标检测、跟踪和行为识别等任务提供基础。不同的特征提取方法可以结合使用，根据具体任务和需求选择合适的特征进行分析。

（二）三维轨迹表示

三维轨迹表示是指在空间坐标系中描述目标运动路径的方法。以下是三维轨迹表示的主要内容。

1.位置表示

通过目标检测和跟踪算法，获取目标在连续帧中的三维位置信息，包括位置的空间坐标和时间信息。

（1）三维坐标序列。将目标在不同连续帧中的三维位置信息按照时间顺序存储为一个三维坐标序列。每个坐标点包括空间坐标（x, y, z）和对应的时间戳，可以使用列表或数组来表示。这种表示方法简单直观，便于进行基本的运动分析和可视化展示。

（2）三维点云。将目标在不同连续帧中的三维位置信息组成点云数据。点云是由一系列离散的三维点构成的集合，每个点表示目标在三维空间中的一个位置。点云数据可以使用数组或矩阵来表示，每一行表示一个点的坐标（x, y, z），可以附加时间戳等其他属性信息。点云表示方法适用于需要进行点云处理和三维重建等任务。

（3）三维曲线。将目标在不同连续帧中的三维位置信息连接起来，形成连续的三维曲线。可以使用插值方法（如样条插值）将离散的点连接起来，得到平滑的曲线表示。曲线表示方法可以使用参数方程或参数化曲线等形式，通过参数化的方式表示曲线在不同时间点上的位置。这种表示方法适用于需要进行曲线拟合和形状分析等任务。

（4）三维网格。将目标在不同连续帧中的三维位置信息组成网格数据。网格是由一系列连接的三维点和连接它们的面构成的结构，可以用于表示目标的表面形状和运动轨迹。网格数据可以使用顶点数组和面索引数组来表示，每个顶点包含空间坐标（x, y, z）和对应的时间戳等属性信息。网格表示方法适用于三维形状分析和表面重建等任务。

通过选择合适的数据结构和表示方法，可以有效地表示和存储目标的三维轨迹信息。这些表示方法可以用于后续的运动分析、轨迹预测、行为识别等任务，为空间运动目标检测和跟踪提供重要的基础。

2.轨迹连接

在空间运动目标检测和跟踪中，轨迹连接是将连续帧中的目标位置按照时间顺序连接起来，形成目标的三维轨迹的过程。轨迹连接的目的是获取目标在三维空间中的运动路径，以便进一步分析和理解目标的运动模式、速度变化、行为特征等。

（1）轨迹连接的基本步骤。

目标检测和跟踪。先通过目标检测算法在连续帧中检测目标并获取其位置信息，再通过目标跟踪算法对目标进行连续帧之间的关联，以获得目标在不同帧之间的对应关系。

目标位置的时间对齐。在进行轨迹连接之前，需要将目标位置进行时间对齐，确保各个位置点具有相同的时间间隔或时间戳。这可以通过将目标位置与其对应的时间信息关联起来实现。

轨迹连接。根据时间对齐的目标位置信息，按照时间顺序将相邻帧中的目标位置点连接起来，形成连续的轨迹。连接可以采用简单的线性插值方法，即通过直线段连接相邻的目标位置点。也可以使用更复杂的曲线拟合方法，如样条曲线拟合，以获得更加平滑的轨迹表示。

（2）常用的轨迹连接方法。

直线连接。直线连接是最简单的轨迹连接方法，通过连接相邻帧中的目标位置点之间的直线段来形成轨迹。直线连接能够保持轨迹的运动方向和速度，但对于复杂的非线性运动模式可能不适用。

曲线拟合。曲线拟合方法通过在相邻帧的目标位置点之间进行曲线拟合，以获得更准确的轨迹表示。常用的曲线拟合方法包括多项式拟合和样条曲线拟合。多项式拟合可以使用多项式函数对目标位置点进行拟合，得到目标的轨迹曲线。样条曲线拟合则利用样条函数的特性，在每个局部区域内进行拟合，以得到平滑的轨迹表示。

轨迹插值。轨迹插值方法可以填补目标位置点之间的空缺，以获得连续的轨迹表示。常用的轨迹插值方法包括线性插值和样条插值。

线性插值。线性插值是一种简单而直观的轨迹插值方法。对于两个相邻的目标位置点，线性插值将它们之间的路径视为直线段，并在路径上均匀地生成额外的点。通过连接这些插值点，就可以得到一条平滑的轨迹。线性插值的优点是计算简单，适用于直线或近似直线的运动轨迹，但对于曲线运动轨迹可能无法准确捕捉。

样条插值。样条插值是一种更高级的轨迹插值方法，它通过使用样条函数在每个局部区域内进行插值，以得到更平滑的轨迹。常见的样条插值方法包括线性样条插值和三次样条插值。线性样条插值使用线性函数在每个相邻点之间进行插值，而三次样条插值使用三次多项式函数进行插值。样条插值方法能够更好地适应目标的非线性运动轨迹，并且生成的轨迹更加平滑和连续。

（3）轨迹连接方法的影响因素。在进行轨迹连接时，还需要考虑一些因素。

数据质量。轨迹连接的结果受到目标检测和跟踪算法的影响，因此，数据质量对于轨迹的准确性至关重要。如果目标检测或跟踪算法存在误差或漏检，可能会导致轨迹连接结果不准确。

插值参数。对于插值方法，需要选择适当的参数来控制插值的平滑程度和精确度。参数的选择通常需要根据具体应用场景和目标的运动特征来进行调整。

长时间跟踪。当目标需要长时间跟踪时，轨迹连接可能会受到目标的运动模式变化、遮挡、丢失等因素的影响。在这种情况下，需要采用更复杂的跟踪和连接策略，例如使用目标的外观特征或上下文信息来辅助轨迹连接。

通过合适的连接方法和参数选择，可以获取准确、平滑的轨迹表示，为后续的运动分析和行为理解提供基础。

3. 轨迹特征提取

在空间运动目标检测和跟踪中，从三维轨迹中提取特征信息是一项关键任务。通过对三维轨迹进行分析和特征提取，可以揭示目标的运动模式、行为特征和轨迹特性，为目标识别、行为分析和场景理解等应用提供基础。

（1）轨迹长度。轨迹长度是指目标在三维空间中运动的总路径长度。可以通过计算轨迹上相邻位置点之间的距离，并通过累加获取数据。轨迹长度反映了目标的运动范围和路径的曲折程度，是衡量目标运动距离的一个重要指标。

（2）平均速度。平均速度表示目标在三维轨迹上的平均运动速度。可以通过计算轨迹的总长度除以运动的总时间来获取。平均速度可以反映目标的整体运动快慢，对于比较目标之间的运动速度具有重要意义。

（3）最大加速度。最大加速度是目标在三维轨迹上的最大加速度值。通过计算轨迹上相邻位置点之间的加速度，并选取最大值作为最大加速度。最大加速度可以反映目标的运动变化的剧烈程度，对于识别目标的突然停止、加速或转弯等行为具有重要意义。

（4）运动的方向变化。运动的方向变化描述了目标在三维轨迹上运动方向的变化情况。可以通过计算轨迹上相邻位置点之间的方向差异来获取。方向变化可以反映目标运动路径的曲线度和方向的变化程度，对于分析目标的转向、转弯和行为模式的变化具有重要意义。

（5）运动模式分析。除了基本的轨迹特征，还可以对三维轨迹进行更深入的分析，以揭示目标的运动模式和行为特征。例如，可以通过聚类算法对轨迹进行聚类，将具有相似运动模式的轨迹归为一类。这样可以识别出不同的运动模式，例如直线运动、曲线运动、旋转运动等，有助于进一步理解目标的运动行为。

（6）时间特征分析。三维轨迹中的时间信息也可以用于提取特征。时间特征分析涉及目标的运动速度变化、运动频率和停留时间等方面的特征。

除了以上特征，还可以根据具体应用需求提取其他特定的轨迹特征，例如加速度变化、运动的稳定性、运动的频繁程度等。同时，可以结合目标的上下文信息，例如目标的外观特征、场景信息等，进行更综合的轨迹特征提取和分析。

在实际应用中，为了提高特征的鲁棒性和判别能力，还可以采用降维技术，例如主成分分析（PCA）或线性判别分析（LDA），将高维的轨迹特征转换为更具代表性的低维特征来表示。

通过合理选择和设计特征提取方法，可以揭示目标的运动特征、行为模式和空间分布规律，为目标识别、行为分析、场景理解等应用提供有价值的信息。

第四章　空间运动目标的检测背景

第一节　静止背景下的空间运动目标检测

静止背景下的空间运动目标检测是指在背景不发生变化的情况下，对目标在空间中的运动进行检测的过程。这种情况下，目标的运动是相对于静止的背景进行观察和分析的。

一、背景差分法原理

背景差分法是一种常用的运动目标检测方法，在静止背景下尤其有效。它基于图像灰度信息，通过对当前帧图像与背景图像进行差分运算，找出图像中发生变化的区域，从而提取出运动目标。

该方法的核心思想是利用背景与运动目标之间的差异进行目标的检测。背景图像表示场景中的固定部分，不包含运动目标。通过将当前帧图像与背景图像进行差分运算，可以得到一个差分图像，其中包含图像中发生变化的区域。

差分运算的方式包括绝对差分和平方差分。绝对差分是计算当前帧图像的像素值与对应背景图像像素值之间差的绝对值。平方差分则是计算两者差的平方。通过差分运算，可以突出显示背景与运动目标之间的差异，使运动目标在差分图像中更加显著。

为了将差分图像转化为二值图像，需要进行阈值处理。阈值处理将差分图像中的像素值与预设阈值进行比较，将像素值超过阈值的像素标记为前景，代表可能存在运动目标的区域。阈值的选择需要根据具体的应用场景来调整，以平衡检测的准确性和鲁棒性。

在背景差分法中，背景的更新是一个关键环节。背景图像可能会因为环境中的光照变化、摄像机移动或背景本身的变化而发生变化。为了确保背景模型与实际背景保持一致，需要定期更新背景图像。背景的更新可以采用简单的替换方法，将当前帧作为新的背景图像；也可以采用背景模型的更新方法，通过将当前帧与背景模型进行融合或滑动平均等方式更新背景图像。

背景差分法具有位置精确和运算速度快的优点，适用于静止背景下的运动目标检测。然而，该方法对背景图像的变化比较敏感，需要仔细处理背景的更新和阈值的选择，以提高算法的鲁棒性和准确性。此外，背景差分法在面对动态背景或复杂场景时可能会产生误检测或漏检测的问题，因此，需要结合其他方法进行更精确的运动目标检测。

二、背景差分法的实现步骤

（一）进行图像的预处理

图像预处理在背景差分法中扮演着重要角色，它通过灰度化和图像滤波等操作，对输入图像进行处理，以减少噪声、增强图像特征，为后续的背景差分操作提供更准确、可靠的数据。

1. 灰度化

灰度化是将彩色图像转换为灰度图像的过程。在背景差分法中，通常只使用图像的亮度信息进行运动目标的检测，因此，将彩色图像转换为灰度图像可以简化处理的复杂性，并降低计算成本。

灰度化的常用方法是通过加权平均将彩色图像的红、绿、蓝三个通道的像素值转化为一个单一的灰度值。加权平均的公式可以根据人眼对不同颜色通道的敏感度进行调整，例如常用的公式是：

$$Gray = 0.2989\ Red + 0.5870\ Green + 0.1140\ Blue$$

其中，Red、Green 和 Blue 分别表示彩色图像中的红、绿、蓝通道的像素值，Gray 表示灰度图像中的像素值。这种加权平均方法能够使灰度图像更接近于人眼感知的亮度。

灰度化操作可以通过逐像素遍历图像并计算灰度值来实现。经过灰度化处理后，图像的每个像素仅包含一个灰度值，简化了后续的图像处理步骤。

2.图像滤波

图像滤波是为了降低图像中的噪声和平滑图像，以便更好地提取运动目标。常用的图像滤波方法包括中值滤波、均值滤波和高斯滤波。

（1）中值滤波。中值滤波是一种非线性滤波方法，它将像素邻域内的像素值进行排序，并取中间值作为中心像素的新值。中值滤波能够有效地去除椒盐噪声等离群值的影响，并且能够保持图像边缘的清晰度。

（2）均值滤波。均值滤波是一种线性滤波方法，它将像素邻域内的像素值进行平均，然后将平均值作为中心像素的新值。均值滤波通过计算像素领域的平均值，可以平滑图像并降低高频噪声的影响。然而，它可能导致图像细节的模糊。

（3）高斯滤波。高斯滤波是一种线性平滑滤波方法，使用高斯核函数对像素邻域进行加权平均。高斯滤波器通过调整方差参数控制权重的分布，使得邻域中距离中心像素更近的像素具有更高的权重。相比于均值滤波，高斯滤波能够更好地保留图像的边缘信息，并且在平滑图像的同时保持图像细节。

选择合适的图像滤波方法取决于具体应用的需求和图像中存在的噪声类型。通常需要通过实验和调整来确定最合适的滤波方法和参数。

通过灰度化和图像滤波这两个预处理步骤，可以将原始图像转化为适合进行背景差分的图像。灰度化操作简化了图像的表示形式，而图像滤波操作减少了噪声的影响，增强了有用的图像特征。这些预处理步骤为后续的背景差分操作提供了更准确、可靠的输入，实现对静止背景下空间运动目标的有效检测。

值得注意的是，图像预处理只是背景差分法的一部分，后续的步骤还包括背景建模、前景提取和目标跟踪等过程。这些步骤共同工作，使得背景差分法成为一种广泛应用的空间运动目标检测方法。

（二）背景建模

背景建模是背景差分法实现步骤中的关键一步，用于获取静止背景图像或背景模型，以便与当前帧进行比较，检测出图像中的运动目标。背景建模的目标是建立一个准确、稳定的背景模型，能够较好地描述场景中的静态部分。

背景建模的常见方法包括基于统计的方法和基于自适应学习的方法。其中，基于统计的方法通过对一定数量的历史帧进行统计分析，提取出背景模型的参数，以获得背景图像或背景模型。基于自适应学习的方法则通过不断更新背景模型，适应场景的变化，以提高背景建模的准确性和鲁棒性。

一种常见的背景建模方法是使用前 N 帧图像的灰度值进行统计。先选择一定数量的连续帧图像作为背景模型的训练样本，可以是视频序列中的前 N 帧。再对这些帧图像的像素进行统计分析，例如计算像素值的均值和方差。通过对这些统计信息进行适当的处理，可以得到一个具有统计意义的背景模型。

对于背景建模的统计方法，常用的统计量包括像素的均值、方差、最大值、最小值等。可以根据具体需求选择合适的统计量。一般情况下，像素的均值和方差是最常用的统计特征，可以较好地描述背景的灰度分布特征。

在背景建模过程中，需要注意处理动态背景或者存在周期性变化的场景。为了应对这些情况，可以采用自适应的方法来更新背景模型。自适应方法通常基于滑动窗口或指数加权的方式，将当前帧的信息与背景模型进行融合，以逐步适应场景的变化。

背景建模的目标是获得一个静止背景图像或背景模型，以便后续的背景差分操作。通过建立准确、稳定的背景模型，可以更好地区分运动目标与背景之间的差异，从而实现对静止背景下空间运动目标的有效检测。背景建模方法的选择应根据具体应用场景和需求来确定，以获得最佳的检测效果。

（三）前景提取

前景提取是背景差分法实现步骤中的重要一步，通过对背景差图进行二值化操作，将图像中的运动前景与静止背景进行分割，从而得到目标的位置信息。

在背景差分法中，先进行背景建模，得到背景图像或背景模型。接下来，将当前帧图像与背景进行差分运算，得到背景差图。背景差图反映了当前帧与背景之间的差异，其中包含了运动前景和可能的噪声或光照变化等干扰。

为了将运动前景从背景差图中提取出来，需要对差分图像进行二值化处理。二值化操作将差分图像中的像素值转换为二值（0 或 1），以标记像素是否属于运动前景。二值化的关键在于选择合适的阈值。阈值的选取决定了前景的准确性和漏检率。

目前，有多种方法可用于阈值的选取。其中常用的方法包括以下几种。

1. 直方图阈值分割算法

在背景差分法中的前景提取阶段，直方图阈值分割算法是一种常用的方法，用于将差分图像进行二值化，得到明显的前景目标区域。通过分析差分图像的像素值分布，该算法将图像的灰度值划分为前景和背景两部分。

（1）Otsu 算法。一种常用的直方图阈值分割算法是 Otsu 算法，它通过最大化类间方差来确定最佳阈值。该算法的步骤如下。

计算差分图像的直方图。对差分图像进行灰度级统计，得到每个灰度级的像素数量。

计算灰度级的归一化直方图。将直方图中的像素数量除以总像素数量，得到每个灰度级的概率分布。

计算类间方差。对于每个可能的阈值 T，将图像分为两个类别：小于或等于 T 的像素为一个类别，大于 T 的像素为另一个类别。计算两个类别的权重、均值和方差，并利用这些值计算类间方差。类间方差表示前景和背景之间的差异程度，值越大表示分割效果越好。

选择最佳阈值：遍历所有可能的阈值，计算对应的类间方差，并选择使类间方差最大的阈值作为最佳阈值。

Otsu 算法的优点在于能够自动选择适应性阈值，不需要人为设定阈值，从而提高了分割的准确性。

（2）基于直方图形态学的分割算法。另一种是基于直方图形态学的分割算法，它结合了直方图分布和形态学操作，通过形态学开运算和闭运算来提升前景和背景之间的分割效果。

该方法的步骤如下：其一，计算差分图像的直方图；其二，对直方图进行滤波：采用滤波操作对直方图进行平滑处理，以减少噪声的影响；其三，寻找局部最小值和局部最大值：通过寻找直方图中的局部最小值和局部最大值，确定背景和前景的灰度范围；其四，利用形态学操作进行分割：根据确定的背景和前景灰度范围，对差分图像进行形态学开运算和闭运算操作，以去除噪声、填充空洞并连接前景区域。

通过直方图阈值分割算法，可以将差分图像进行二值化，得到明显的前景目标区域。具体而言，在直方图阈值分割算法中，通过分析差分图像的像素值分布，将图像的灰度值划分为前景和背景两部分，以便进一步分割和提取空间运动目标。

2. 最大类间方差法

背景差分法是一种常用的目标检测方法，通过比较当前帧与背景帧之间的差异提取出前景目标。前景提取是背景差分法的关键步骤，通过阈值分割将差分图像的像素值划分为前景和背景两部分。在这个阶段中，最大类间方差法是一种常用的算法，通过最大化前景和背景之间的类间方差选择最佳阈值。

最大类间方差法的实现步骤如下。

（1）计算差分图像的直方图。对差分图像进行灰度级统计，得到每个灰度级的像素数量。

（2）归一化直方图。将直方图中的像素数量除以总像素数量，得到每个灰度级的概率分布。

（3）初始化最大类间方差和最佳阈值。将最大类间方差设为 0，最佳阈值设为 0。

（4）遍历所有可能的阈值 T：对于每个可能的阈值 T（从最小灰度级到最大灰度级），进行以下步骤：其一，将图像分为两个类别：小于或等于 T 的像素为一个类别，大于 T 的像素为另一个类别；其二，计算两个类别的权重、均值和方差；其三，利用权重、均值和方差计算类间方差；其四，如果计算得到的类间方差大于当前最大类间方差，则更新当前最大类间方差和最佳阈值。

（5）返回最佳阈值作为分割结果。

最大类间方差法的核心思想是通过选择使得前景和背景之间的类间方差最大的阈值，来实现前景的准确提取。类间方差表示了前景和背景之间的差异程度，当类间方差达到最大值时，表示前景目标与背景的分离程度最高。

最大类间方差法的优势在于其能够处理具有双峰或多峰分布的图像，并且能够自动选择适应性阈值，提高了前景提取的准确性和鲁棒性。该方法能够适应不同场景下的光照变化、噪声等因素的影响，在静止背景下实现准确的空间运动目标检测。

3. 一维交叉熵阈值法

在静止背景下的空间运动目标检测中，背景差分法是一种常用的方法。它通过比较当前帧与背景帧之间的差异来提取出前景目标。在背景差分法的前景提取阶段，一维交叉熵阈值法是一种常见的方法，它基于图像的灰度直方图和一维交叉熵的概念，选取使得交叉熵最小的阈值，实现前景的准确提取。

一维交叉熵阈值法利用图像的灰度直方图和一维交叉熵的概念，选择使得交叉熵最小的阈值，实现前景的准确提取。交叉熵是一种度量两个概率分布之间差异的指标，当交叉熵最小化时，表示前景目标与背景的分离程度最高。一维交叉熵阈值法在空间运动目标检测中的优势体现在以下几个方面。

（1）考虑像素分布的全局特征。一维交叉熵阈值法利用整个图像的灰度直方图，考虑了像素的全局分布特征。相比于局部方法，它能够更好地适应不同场景下的光照变化、噪声等因素，提高了前景提取的准确性和鲁棒性。

（2）自适应选择阈值。一维交叉熵阈值法通过最小化交叉熵来选择阈值，使得前景和背景的差异最小。这意味着它能够自动适应不同图像的特点，选择最合适的阈值，无须手动设置阈值参数。

（3）对双峰分布图像有效。当图像存在双峰分布的情况时，传统的阈值分割方法可能无法准确提取前景。而一维交叉熵阈值法能够充分利用双峰分布图像的特点，选取合适的阈值，有效地将前景和背景分离。

（4）适用于多种场景。一维交叉熵阈值法在各种场景下都能够取得良好的效果，包括室内、室外、复杂背景等。它不依赖于特定的场景假设，具有较高的通用性。

（5）计算简单高效。一维交叉熵阈值法的计算相对简单，仅需要对灰度直方图进行归一化和交叉熵的计算，计算复杂度较低，退行速度较快。

需要注意的是，一维交叉熵阈值法也有一些局限性。当图像的背景与前景之间的差异较小或前景目标的灰度分布与背景相似时，该方法可能无法有效分割前景和背景。此外，它对噪声的敏感性较高，可能受到噪声的影响而产生误差。

4.二维交叉熵阈值法

在背景差分法的前景提取阶段，二维交叉熵阈值法是一种改进的方法，它类似于一维交叉熵阈值法，但考虑了像素之间的空间关系，适用于具有复杂背景的场景。

二维交叉熵阈值法的实现步骤如下。

（1）计算差分图像的灰度直方图。对差分图像进行灰度级统计，得到每个灰度级的像素数量。

（2）归一化直方图。将直方图中的像素数量除以总像素数量，得到每个灰度级的概率分布。

（3）初始化最小交叉熵和最佳阈值。将最小交叉熵设为一个较大的初始值，最佳阈值设为 0。

（4）遍历所有可能的阈值（T_1, T_2）。对于每个可能的阈值（T_1, T_2），进行以下步骤。

第一，将图像分为四个类别。根据阈值（T_1, T_2）将像素分为前景和背景四个类别；

第二，计算四个类别的概率分布：根据阈值将像素分为前景和背景四个类别，计算每个类别的概率分布；

第三，计算交叉熵：利用四个类别的概率分布计算交叉熵，表示前景和背景之间的差异程度；

第四，如果计算得到的交叉熵小于当前最小交叉熵，则更新当前最小交叉熵和最佳阈值为当前阈值（T_1, T_2）。

（5）返回最佳阈值作为分割结果。遍历完所有可能的阈值后，返回最小交叉熵对应的最佳阈值（T_1, T_2）作为分割结果。

二维交叉熵阈值法在前景提取中考虑了像素之间的空间关系，相比于一维交叉熵阈值法，它能够更好地适应具有复杂背景的场景。通过计算交叉熵来衡量前景和背景之间的差异，并选择使交叉熵最小的阈值（T_1, T_2），实现准确的前景提取。

一维交叉熵阈值法只考虑了像素的灰度分布特性，而二维交叉熵阈值法在此基础上还考虑了像素之间的空间关系。这是因为在具有复杂背景的场景中，前景目标的像素往往分布在空间上具有一定的连续性和相关性。通过考虑像素之间的空间关系，二维交叉熵阈值法能够更准确地区分前景和背景，提高前景提取的精度。

5. 自适应阈值选取方法

自适应阈值选取方法是一种用于前景提取的图像处理技术，它通过根据图像的局部特性来动态调整阈值，以适应图像中不同区域的灰度变化。这种方法能够有效地处理具有不均匀光照、复杂背景和变化环境的图像，提高前景目标的提取精度。

自适应阈值选取方法的核心思想是将图像划分为多个局部区域，然后针对每个局部区域计算相应的阈值。这样可以充分考虑图像中不同区域的灰度特性，使得阈值能够更好地适应局部变化。

（1）局部均值法。该方法计算每个局部区域的像素均值，并将该均值作为该区域的阈值。这种方法简单且易于实现，但对于存在较大噪声或复杂背景的图像可能不够准确。

（2）局部中值法。该方法计算每个局部区域的像素中值，并将该中值作为该区域的阈值。相比于局部均值法，局部中值法对噪声的鲁棒性更好，能够有效地滤除异常值，减少异常值的干扰。

（3）局部高斯加权均值法。该方法通过对每个局部区域的像素进行高斯加权平均，得到一个加权平均值作为该区域的阈值。这样可以更好地考虑每个像素的权重，使得阈值能够更加准确地反映局部区域的灰度分布。

（4）Sauvola 算法。Sauvola 算法结合了局部均值法和局部方差，并引入了一个自适应参数来平衡两者的影响。该方法能够处理光照不均匀和复杂背景的图像，并且对噪声具有一定的抑制能力。

选择适当的方法取决于具体应用的要求和图像特性。在实际应用中，还可以结合多种方法进行优化，或者根据实际情况进行参数调节，以获得更好的前景提取效果。在实际应用中，需要根据具体场景和要求选择合适的自适应阈值选取方法，并进行适当的参数调节和优化，以获得最佳的结果。

（四）背景更新

背景更新的目的是适应目标的运动，并将其动态变化的部分更新为新的背景模型，从而提高目标检测的精度。

1. 帧间差分

帧间差分是静止背景下空间运动目标检测中的一个关键步骤，用于检测目标在图像中的位置和运动方向。通过对当前帧的图像与上一帧的背景图像进行差分操作，可以提取出目标的运动信息，进而实现对目标的检测和跟踪。

（1）背景准备。在开始帧间差分之前，需要准备一个静止的背景图像作为参考。可以通过在静止场景下获取多张图像，并将它们的平均值或中值作为初始背景图像。

（2）图像差分。对于当前帧的图像和上一帧的背景图像，逐像素进行差分操作。差分可以通过计算像素之间的差异来得到。常用的差分方法包括绝对差分和差分图像的平方差分等。

（3）阈值处理。对差分图像进行阈值处理，将差分值大于某个阈值的像素标记为前景，而小于或等于阈值的像素标记为背景。这样可以将目标物体从背景中分离出来，得到一个二值图像。

（4）噪声过滤。在差分图像中可能存在噪声或小的差异，这些噪声可能会干扰后续的目标检测。因此，可以应用一些噪声过滤技术，如中值滤波、高斯滤波等，来减少噪声的影响，使差分图像更清晰。

（5）连通区域分析。对二值图像进行连通区域分析，找到目标物体所在的连通区域。可以使用连通组件标记算法或区域增长算法来实现。这一步骤可以得到目标的位置和轮廓信息。

（6）目标检测和跟踪。基于连通区域分析的结果，可以进行目标的检测和跟踪。可以使用形态学操作、轮廓分析等方法对目标进行形状和尺寸的特征提取，以实现对目标的准确检测和跟踪。

帧间差分通过比较当前帧与背景之间的差异，提取出目标的运动信息。它可以适应静止背景下的空间运动目标检测需求，并且具有实时性和简单性的优势。但在一些复杂场景下，如动态背景或光照变化较大的情况下，帧间差分可能会受到一些挑战，如光照变化、阴影、摄像头抖动等。为了提高帧间差分的准确性和鲁棒性，可以结合其他技术进行改进，如自适应阈值处理、背景模型维护等。

2.目标检测

目标检测是背景差分法中的关键步骤，通过对差分图像进行适当的阈值处理或其他图像分割方法，可以将目标从背景中分离出来，得到一个二值图像，其中前景表示目标的位置。下面详细介绍目标检测的实现步骤。

（1）阈值处理。在差分图像中，通过设定一个适当的阈值，将差分值大于阈值的像素标记为前景，而小于或等于阈值的像素标记为背景。阈值的选择通常取决于场景的特点和目标的运动情况。较高的阈值可以提高目标的检测精度，但可能会导致漏检（未能将目标正确标记为前景）；而较低的阈值可以增加目标的召回率，但可能会引入更多的噪声。因此，需要根据具体的应用需求进行合理的阈值选择。

（2）连通区域分析。对阈值处理后的二值图像进行连通区域分析，即将相邻的前景像素归为同一区域，形成目标的连通区域。连通区域分析可以通过标记算法（如连通组件标记算法）或区域增长算法来实现。在连通区域分析过程中，可以对区域进行一些限制，如面积、长宽比、紧凑性等，以排除噪声或非目标的区域。

（3）目标提取。根据连通区域分析的结果，可以提取出目标的位置和轮廓信息。可以使用轮廓提取算法（如边缘检测算法）或特征提取算法（如 HOG 特征、形状特征等）来获得目标的形状、尺寸和其他特征信息。这些信息可以用于进一步的目标识别、分类和跟踪。

（4）目标验证和过滤。在目标提取的结果中，可能会包含一些误检目标或非目标区域。为了提高目标检测的准确性，可以进行目标验证和过滤。可以使用一些规则、模型或机器学习算法来对目标进行验证，如形状匹配、颜色分布、运动一致性等。通过验证和过滤，可以排除误检目标，提高目标检测的精度。

（5）目标跟踪。在连续帧的图像序列中，可以通过目标的位置信息进行目标的跟踪。可以使用跟踪算法（如卡尔曼滤波器、粒子滤波器、相关滤波器等）来预测目标在下一帧中的位置。跟踪算法通常基于目标的动态模型和观测模型，利用先前帧中的目标位置信息进行预测和更新。

（6）目标识别和分类。在目标检测的基础上，可以进一步对目标进行识别和分类。通过使用机器学习算法（如支持向量机、深度学习网络等）或特征匹配算法，可以将目标与预先定义的目标类别进行匹配，实现目标的自动识别和分类。

（7）目标轨迹分析。在目标跟踪的过程中，可以获得目标在连续帧中的位置信息，形成目标的轨迹。通过分析目标的轨迹，可以获取目标的运动信息、速度、加速度等。这些信息对于理解目标的行为和动态特征非常有价值。

（8）结果输出和可视化。将目标检测、跟踪和识别的结果进行输出和可视化。可以将目标的位置、类别、轨迹等信息以图像、视频或其他形式展示出来，供用户观察和分析。

需要注意的是，目标检测的准确性和鲁棒性受到多种因素的影响，包括光照变化、目标形状、背景复杂性等。因此，在实际应用中，可能需要采用一些改进的技术和策略，如多尺度检测、自适应阈值、背景建模等，以提高目标检测的性能和稳定性。

目标检测是背景差分法中的重要步骤，通过阈值处理、连通区域分析、目标提取、目标验证和过滤、目标跟踪、目标识别和分类等一系列操作，可以从差分图像中分离出目标并获取其位置和特征信息，实现对空间运动目标的检测和识别。

3.背景模型更新

在背景更新过程中，可以采用滑动窗口或指数加权的方法，将当前帧的像素值与先前的背景模型进行融合，更新背景模型。

（1）背景模型初始化。在开始进行背景模型更新之前，需要首先进行背景模型的初始化。可以选择使用第一帧作为初始的背景图像，也可以通过采集一段时间的静止背景图像并进行平均处理得到初始的背景模型。初始化的背景模型用于后续的背景更新操作。

（2）滑动窗口更新。滑动窗口是一种常用的背景更新方法。它通过在图像中选择一个固定大小的窗口，以当前帧为中心，获取窗口内的像素值，并将其用于更新背景模型。具体操作是将窗口内的像素值与背景模型中对应位置的像素值进行融合。融合的方式可以是简单的平均操作，也可以根据像素值的可靠性进行加权融合。通过滑动窗口的不断移动和更新，可以逐渐将当前帧的背景信息融入背景模型中，使背景模型更加适应目标的运动和背景的变化。

（3）指数加权更新。指数加权是另一种常用的背景更新方法，它允许更多地保留先前背景的信息，并更加灵活地适应背景的变化。指数加权更新方法基于先前背景模型和当前帧的像素值之间的差异程度，对背景模型进行更新。具体操作是将当前帧的像素值与背景模型中对应位置的像素值进行加权融合，权重根据像素值之间的差异计算得出。通过指数加权的更新方式，可以在一定程度上平衡目标的运动和背景的变化，同时保留先前背景的信息。

（4）学习速率调节。背景模型更新的效果受到学习速率的影响。学习速率决定了当前帧对于背景模型更新的贡献程度。较高的学习速率会更快地将当前帧的背景信息融入背景模型，但可能会引入更多的噪声和不稳定性。相反，较低的学习速率会使更新更加平缓和稳定，但可能较慢地适应背景的变化。因此，学习速率的选择需要权衡目标的运动速度和背景的变化情况。

（5）自适应学习速率。为了克服固定学习速率的不足，可以采用自适应学习速率的方法进行背景模型的更新。自适应学习速率根据像素值之间的差异自动调节学习速率，使得在目标运动较快或背景变化较大的区域，学习速率较高；而在目标运动缓慢或背景变化较小的区域，学习速率较低。这样可以更好地适应不同区域的背景变化情况，提高目标检测的准确性和鲁棒性。

（6）学习速率更新策略。学习速率的更新可以采用逐像素的方式或基于区域的方式。在逐像素的更新策略中，根据当前帧像素值与背景模型的差异来调整学习速率。差异较大的像素将具有较高的学习速率，而差异较小的像素将具有较低的学习速率。基于区域的更新策略将图像分割为不同的区域，根据每个区域的背景变化情况来调整学习速率。背景变化较大的区域将具有较高的学习速率，而背景变化较小的区域将具有较低的学习速率。

（7）实时性考虑。在进行背景模型更新时，需要考虑实时性的要求。如果需要实时检测目标并及时做出响应，背景模型更新的速度和效果都需要满足实时性的要求。因此，需要在算法设计中考虑合适的更新频率和计算效率，以保证实时性的同时提供准确的目标检测结果。

通过选择合适的更新方法、调节学习速率，并考虑实时性和准确性的要求，可以有效地平衡目标的运动和背景的变化，提高检测的性能和鲁棒性。在实际应用中，需要根据具体场景进行适当的扩展和调整，以满足实际需求。

4.参数调节

背景更新的效果可能受到多个参数的影响，如更新速率、窗口大小等。根据实际情况进行参数调节，以获得最佳的背景更新效果。

（1）更新速率。更新速率决定了当前帧对于背景模型更新的贡献程度。较高的更新速率会更快地将当前帧的背景信息融入背景模型，但可能会引入噪声和不稳定性；而较低的更新速率则更加平缓和稳定，但可能较慢地适应背景的变化。因此，需要根据目标的运动速度和背景的变化情况来调节更新速率。对于目标运动速度较快或背景变化较大的情况，可以选择较高的更新速率，以更好地适应变化；而对于目标运动缓慢或背景变化较小的情况，则可以选择较低的更新速率，以保持背景模型的稳定性。

（2）窗口大小。窗口大小决定了在背景更新过程中用于更新的像素范围。较大的窗口可以涵盖更多的背景信息，但可能会导致目标的运动信息被模糊化；而较小的窗口则更加关注目标的运动信息，但可能会引入更多的噪声。因此，需要根据目标的尺寸、背景的变化范围及场景的特点来选择合适的窗口大小。对于较大的目标或背景变化范围较大的场景，可以选择较大的窗口以捕捉更多的背景信息；而对于较小的目标或背景变化范围较小的场景，则可以选择较小的窗口以更好地关注目标的运动信息。

三、Kalman 滤波背景实时更新算法

在静止背景下的空间运动目标检测中，为了准确地检测和跟踪目标，需要实时更新背景模型以适应背景的变化。一种常用的背景更新方法是利用 Kalman 滤波器进行实时背景更新。Kalman 滤波器利用统计估计理论，基于过去的信号和预测模型，通过最小化预测误差来估计当前时刻的信号值，从而实现实时背景的重建和更新。

（一）Kalman 滤波器简介

Kalman 滤波器是一种用于估计系统状态的递归滤波器，其核心思想是通过融合观测值和状态模型的预测，实现对未知状态的最优估计。Kalman 滤波器最初由 Rudolf E. Kalman 在 1960 年提出，是一种基于概率推断的方法，广泛应用于估计问题，尤其在控制、信号处理和导航等领域中。

Kalman 滤波器的应用背景可以是空间运动目标的检测，在静止背景下的空间运动目标检测是其中一种常见情况。在这种情况下，背景通常被认为是静止的，而目标物体的运动会引入动态变化。Kalman 滤波器可以通过对静止背景的建模和对目标运动的估计，实时更新背景模型，以适应背景的变化，并提

供准确的背景参考。

Kalman 滤波器是基于贝叶斯滤波理论，它通过迭代的方式对系统的状态进行估计，包括状态变量的均值和协方差。Kalman 滤波器的关键假设是系统的状态和观测误差都是高斯分布，并且系统的动态模型是线性的。这意味着系统的状态变量和观测值可以用高斯分布来表示，并且系统的状态转移和观测模型可以用线性方程来描述。

Kalman 滤波器包括两个主要步骤：预测步骤和更新步骤。预测步骤利用系统的动态模型和前一时刻的状态估计，通过状态转移方程预测当前时刻的状态。预测步骤同时更新状态的协方差矩阵，用于表示状态预测的不确定性。更新步骤利用当前时刻的观测值和预测的状态，通过计算卡尔曼增益，将观测值与状态预测进行融合，得到更新后的状态估计。更新步骤还更新状态的协方差矩阵，以反映更新后的状态估计的不确定性。

卡尔曼增益是 Kalman 滤波器的核心概念之一，它决定了预测值和观测值在最终估计中的权重。卡尔曼增益的计算基于预测的状态协方差矩阵和观测模型的协方差矩阵。通过卡尔曼增益的优化，Kalman 滤波器能够最小化估计误差的方差，实现对系统状态的最优估计。

（二）Kalman 滤波背景实时更新算法

Kalman 滤波背景实时更新算法通过迭代的方式，结合观测值和背景模型的预测，实现对背景的实时更新。

1. 初始化

在使用 Kalman 滤波背景实时更新算法之前，需要进行初始化。初始化包括设置初始背景模型和初始协方差矩阵。初始背景模型通常可以通过先验知识或历史数据进行估计，而初始协方差矩阵可以设置为较大的值以表示对初始背景的不确定性。

2. 预测步骤

在每次更新之前，Kalman 滤波背景实时更新算法进行预测步骤，以获得当前时刻的背景预测。预测步骤利用背景模型的动态行为，通过状态方程进行预测。

背景模型的状态方程可以表示为：

$$x(k)=F(k) \cdot x(k-1)+B(k) \cdot u(k)+w(k)$$

其中，$x(k)$ 是背景模型的状态向量，表示背景在时间 k 时刻的状态；$F(k)$ 是状态转移矩阵，描述背景状态如何从上一时刻演化到当前时刻；$B(k)$ 是控制输入矩阵，表示外部控制对背景状态的影响，$u(k)$ 是控制输入向量，表示外部控制信号；$w(k)$ 是过程噪声，表示背景动态的不确定性，通常假设为零均值、协方差已知的高斯白噪声。

预测步骤同时更新背景模型的协方差矩阵，用于表示预测背景的不确定性。

3. 更新步骤

在预测步骤之后，Kalman 滤波背景实时更新算法进行更新步骤，将观测值与预测的背景进行融合，得到更新后的背景模型。更新步骤通过观测方程将观测值与背景状态进行关联。

观测方程表示观测值与背景状态之间的关系，可以表示为：

$$z(k)=H(k) \cdot x(k)+v(k)$$

其中，$z(k)$ 是观测向量，表示在时间 k 时刻得到的观测值；$H(k)$ 是观测矩阵，描述观测值如何与背景状态之间进行映射关系。$v(k)$ 是观测噪声，表示观测值的误差，通常假设为零均值、协方差已知的高斯白噪声。

更新步骤分为两个关键步骤：更新增益计算和状态更新。

（1）更新增益计算。在更新步骤中，首先计算 Kalman 增益 $K(k)$，用于权衡预测背景和观测值之间的不确定性。Kalman 增益的计算通过背景模型的协方差矩阵 $P(k)$、观测噪声的协方差矩阵 $R(k)$ 和观测方程的观测矩阵 $H(k)$ 进行计算：

$$K(k)=P(k) \cdot H(k)^T \cdot [H(k) \cdot P(k) \cdot H(k)^T+R(k)]^{-1}$$

其中，T 表示矩阵的转置，-1 表示矩阵的逆。

（2）状态更新。接下来，利用 Kalman 增益将预测的背景状态 $x(k)$ 与观测值进行融合，得到更新后的背景状态估计值 $x^\wedge(k)$：

$$x^\wedge(k)=x(k)+K(k) \cdot z(k) \cdot x(k)$$

该公式表示通过观测值的修正，更新背景状态的估计值。修正量由 Kalman 增益乘以观测值与预测背景之间的差异计算得到。

同时，还需要更新背景模型的协方差矩阵 $\boldsymbol{P}(k)$：

$$\boldsymbol{P}(k)=[I^2-\boldsymbol{K}(k)\cdot\boldsymbol{H}(k)]\cdot\boldsymbol{P}(k)$$

该公式表示通过观测值的修正，更新背景模型的协方差矩阵。修正量由单位矩阵减去 Kalman 增益乘以观测矩阵计算得到。

通过不断迭代预测步骤和更新步骤，Kalman 滤波背景实时更新算法能够实现对背景模型的实时更新，从而提供准确的背景参考用于空间运动目标的检测。

需要注意的是，Kalman 滤波背景实时更新算法的有效性和性能与系统模型的准确性及观测噪声的特性密切相关。在实际应用中，需要根据具体问题进行模型设计和参数调整，以达到最佳的背景更新效果。

第二节　动态背景下的空间运动目标检测

在动态背景下的空间运动目标检测中，环境中的背景是不断变化的，包括目标的运动、光照变化、遮挡等因素。这增加了目标检测和跟踪的难度，因为目标与背景之间的运动和外观差异需要被准确地识别和分离。

一、图像配准

图像配准的方法有很多种，传统的配准方法有基于灰度互相关的模板匹配算法、平均绝对差算法、基于统计的匹配算法、基于特征的匹配算法等。当两帧图像的背景只有平移变化时，只需要简单计算出平移量就可以实现配准。但当两幅图像之间不仅有平移变化，还存在旋转或者比例变化时，需要使用特征点匹配或其他方法进行图像配准从而求出两帧图像之间的变换关系。

（一）传统的配准方法

传统的图像配准方法包括基于灰度互相关的模板匹配算法、平均绝对差算法、基于统计的匹配算法及基于特征的匹配算法等。

1.模板匹配算法

模板匹配算法是一种常用的配准方法，它通过计算两幅图像之间的灰度互相关系来确定它们之间的相对位置。该算法首先选择一个模板图像，然后在另一个模板图像中搜索最佳匹配位置。通过比较两幅图像的灰度值，可以找到最大互相关值对应的平移量，从而实现图像的配准。

2.平均绝对差算法

平均绝对差算法是另一种常用的配准方法，它通过计算两幅图像之间的平均绝对差确定它们之间的相对位置。该算法计算两幅图像中相应像素的灰度差的绝对值，并求取平均值。通过寻找最小平均绝对差对应的平移量，可以实现图像的配准。

3.基于统计的匹配算法

基于统计的匹配算法利用图像的统计特性进行配准。例如，直方图匹配算法通过计算两幅图像的直方图，并将其进行匹配，从而实现图像的配准。该算法将两幅图像的灰度分布进行比较，并通过调整像素灰度值的映射关系来实现配准。

4.基于特征的匹配算法

基于特征的匹配算法通过提取图像中的特征点，并将其进行匹配来实现图像配准。常用的特征点包括角点、边缘点、斑点等。该算法通过计算特征点之间的相对位置和姿态来确定图像之间的变换关系，从而实现配准。

（二）动态背景下的配准方法

在动态背景下，图像之间的变换关系可能包括平移、旋转和比例变化等。对于仅存在平移变化的情况，可以通过简单计算算出平移量实现图像配准。然而，当涉及旋转或比例变化时，需要使用特征点匹配或其他方法进行图像配准。

1.特征点匹配

特征点匹配是一种常用的图像配准方法，它通过提取图像中的关键特征点，并将其进行匹配确定图像之间的变换关系。常用的特征点包括角点、边缘点、斑点等。特征点匹配算法可以分为基于兴趣点的方法和基于区域的方法。

在基于兴趣点的方法中，常用的特征点描述符包括 SIFT（尺度不变特征变换）、SURF（加速稳健特征）和 ORB（Oriented FAST and Rotated BRIEF）等。这些算法可以提取图像中具有稳定性和不变性的特征点，并通过计算特征点之间的相似性进行匹配。

在基于区域的方法中，常用的算法包括基于颜色特征的方法和基于纹理特征的方法。这些方法通过计算图像区域的颜色分布或纹理统计信息，并将其进行匹配实现图像配准。

2.光流法

光流法是一种利用像素灰度值的变化估计图像中像素点在连续帧之间的位移的方法。光流法假设相邻帧之间的像素灰度值变化主要是由于物体的运动引起的，并通过计算相邻像素之间的灰度差异来求解运动场。常用的光流算法包括 Lucas-Kanade 算法和 Horn-Schunck 算法。

通过计算光流场，可以获得图像中像素点的位移信息，从而实现图像的配准。

3.仿射变换

仿射变换是一种常用的几何变换模型，它可以包括平移、旋转、缩放和剪切等变换。在图像配准中，可以使用仿射变换来描述两幅图像之间的几何关系。

常用的仿射变换模型包括平移变换模型、旋转变换模型、缩放变换模型和剪切变换模型。通过估计仿射变换的参数，可以将图像进行对齐和配准。

二、前景提取

在动态背景下的空间运动目标检测中，前景提取是一项重要而常用的技术。它的目标是将移动目标从复杂的背景中分离出来，以便后续的目标检测、跟踪和分析。

（一）帧间差分法（Frame Difference）

帧间差分法是一种简单且直观的前景提取方法，在动态背景下的空间运动目标检测中具有广泛的应用。该方法通过计算连续帧之间的像素差异检测目标的移动。基本原理是将当前帧与前一帧进行逐像素的差分计算，并通过设定一个适当的阈值来判断差异是否足够大，从而将该像素标记为前景。

1.帧间差分法的详细步骤和实现流程

输入数据。获取连续的视频帧序列作为输入数据。

（1）帧差计算。将当前帧与前一帧进行像素级别的差分计算。对于每个像素，计算其在两个帧中的像素值差异。

（2）阈值处理。对计算得到的差分图像应用一个阈值。将差分图像中大于阈值的像素点标记为前景，表示目标的可能位置。

（3）前景区域提取。对于标记为前景的像素，可以根据连通性或形态学处理等方法来提取连续的前景区域，形成目标的候选区域。

（4）噪声过滤。对提取的前景区域进行噪声过滤操作，以减少误检和假阳性。常用的方法包括连通性分析、面积过滤、形状过滤等。

（5）目标跟踪。根据前一帧中的目标位置信息和当前帧中的前景提取结果，可以进行目标的跟踪和轨迹分析。常见的目标跟踪方法包括卡尔曼滤波、粒子滤波、相关滤波等。

2.帧间差分法的局限性和挑战

帧间差分法具有简单、实时性好的特点，适用于静止背景且场景变化较小的情况。然而，该方法也存在一些局限性和挑战。

（1）相机抖动。相机抖动会导致连续帧之间的微小差异，从而产生较多的误检。为了解决这个问题，可以采用背景建模和运动补偿等技术减少抖动对前景提取的影响。

（2）目标遮挡。在存在目标遮挡的情况下，帧间差分法可能无法准确提取前景，因为遮挡部分的像素差异较小。针对目标遮挡的问题，可以采用基于纹理、形状或运动信息的算法来提高前景提取的准确性。

（3）噪声和干扰。图像中的噪声和干扰会导致帧间差分法产生误检和假阳性。为了降低这些影响，可以采用滤波器、空间和时间连续性约束等方法进行噪声去除和优化。

（4）参数设置。帧间差分法需要设置适当的阈值来判断前景和背景之间的差异。选择不合适的阈值可能导致漏检或误检。因此，需要根据具体应用场景进行参数调优和自适应阈值的选择。

（5）复杂场景。在复杂场景中，如动态背景、强光、阴影等情况下，帧间差分法的前景提取效果可能受到限制。针对这些复杂情况，可以结合其他先进的前景提取算法，如基于光流的方法、基于学习的方法等，提高前景提取的精确性和鲁棒性。

　　总结而言，帧间差分法作为一种简单而直观的前景提取方法，在动态背景下的空间运动目标检测中具有一定的应用优势。然而，它也面临着相机抖动、光照变化、目标遮挡、噪声和干扰等挑战。为了提高前景提取的准确性和鲁棒性，需要结合其他技术手段，并根据具体场景进行参数调优和算法选择。

（二）光流法（Optical Flow）

　　光流法是一种基于像素运动信息的前景提取方法。它通过分析连续帧之间像素的位移估计像素的运动矢量。光流法可以通过光流场描述图像中各个像素的运动情况，从而检测出移动的目标。该方法对于目标的运动轨迹具有较好的响应，适用于动态背景下的前景提取。

　　1.光流法的主要步骤

　　（1）特征提取。从连续帧中提取特征点或特征区域。常用的特征点包括角点、边缘点等，这些特征点在连续帧之间有较好的区分度和重复性。特征区域可以是具有明显纹理的区域，如目标的表面纹理或运动部分的纹理。

　　（2）光流计算。对于提取的特征点或特征区域，使用光流算法计算其在连续帧之间的运动矢量。常用的光流算法包括 Lucas–Kanade 光流算法、Horn–Schunck 光流算法、Farneback 光流算法等。这些算法基于不同的假设和数学模型，通过最小化亮度变化误差或优化能量函数估计光流。

　　（3）光流场可视化。将计算得到的光流场可视化，可以以箭头的形式表示每个像素的运动矢量，箭头的长度和方向表示运动的幅度和方向。通过可视化光流场，可以直观地观察图像中的运动情况，包括目标的移动方向和速度。

　　（4）前景提取。基于光流信息，可以利用一些准则来判断哪些像素属于前景。常用的准则包括像素位移的大小、像素位移的方向、像素位移的一致性等。通过设定阈值或应用分类器，可以将前景像素从背景中分离出来，形成前景图像或前景掩码。

　　2.光流法的优势

　　（1）目标运动估计。光流法可以准确地估计目标在图像中的运动轨迹和速度。通过计算像素的位移矢量，可以获得目标的运动信息，包括运动方向、速度和加速度等。这对于目标跟踪、行为分析和姿态估计等应用非常有用。

（2）实时性能。光流法可以在实时系统中实时计算像素的运动矢量，使其适用于实时检测和控制系统。通过快速和高效的计算方法，光流法可以在实时视频流中提取前景信息，实现实时目标检测和跟踪。

（3）低成本。光流法只需要利用连续帧之间的像素变化信息，而不需要额外的传感器或设备。这使得光流法成本较低，适用于普通摄像机或监控系统。相比于其他需要多个相机或深度传感器的方法，光流法具有更广泛的适用性。

（4）多种应用。光流法可以应用于许多领域，包括视频监控、交通分析、人机交互、虚拟现实等。在视频监控中，光流法可以帮助异常行为检测、入侵检测和目标跟踪。在虚拟现实中，光流法可以用于实时的手势识别和头部追踪。

（三）基于差分图像的方法（Difference Image）

差分图像方法是一种基于像素值变化的前景提取方法。它通过计算当前帧与背景模型之间的像素差异来检测前景目标。根据差分图像的阈值处理，将超过阈值的像素标记为前景。该方法适用于静态摄像头和相对简单的背景场景。

1. 背景建模

首先，需要对背景进行建模。通过采集一段静止的背景图像或者使用初始帧作为背景模型。背景模型是灰度图像还是彩色图像，取决于应用需求。

2. 帧差计算

在每一帧输入时，将当前帧与背景模型进行像素级别的差分计算。差分图像反映了当前帧中像素值的变化情况，即背景和前景之间的差异。

3. 阈值处理

根据差分图像的像素值进行阈值处理，将超过阈值的像素标记为前景。这个阈值可以根据实际应用需求进行设置，通常根据背景和前景之间的像素差异程度来确定。

4. 前景提取

根据阈值处理后的差分图像，将被标记为前景的像素提取出来。这些前景像素表示可能存在的运动目标。

5. 前景更新

根据当前帧的差分图像更新背景模型。可以使用简单的方法，如取当前帧作为新的背景模型，或者采用滑动窗口等方式进行背景模型的更新。

基于差分图像的方法具有一定的优势和局限性。其优点包括简单直观、计算效率高及适用静态摄像头和简单背景场景。然而，该方法也存在一些挑战，如对光照变化敏感、容易受到噪声干扰、难以处理复杂背景等问题。因此，在实际应用中，需要根据具体情况选择合适的前景提取方法，或结合其他技术进行综合处理，以提高目标检测的准确性和鲁棒性。

（四）基于深度学习的方法（Deep Learning-based Methods）

随着深度学习的迅速发展，基于深度学习的方法在前景提取领域也取得了显著的进展。这些方法利用深度神经网络模型，通过大规模数据集的训练，能够学习图像特征和目标的空间运动模式，从而实现高效准确的前景提取。基于深度学习的前景提取方法通常包括以下步骤。

1. 数据准备

首先，需要收集和准备包含前景和背景的图像数据集。数据集应涵盖各种场景和目标类型，以确保算法的鲁棒性和泛化能力。数据集可以手动标注前景和背景，或者利用已有的标注数据集进行迁移学习。

2. 网络架构设计

接下来，需要选择适合前景提取任务的深度神经网络架构。常用的架构包括卷积神经网络（CNN）和递归神经网络（RNN）。网络架构的设计应考虑到目标的复杂性和运动模式，以及计算资源的限制。

3. 模型训练

在模型训练阶段，使用准备好的数据集对深度学习模型进行训练。在训练过程中，通过最小化损失函数来优化模型参数，使其能够准确地预测前景和背景之间的区别。常用的损失函数包括交叉熵损失和均方差损失。

4. 前景提取

经过模型训练后，可以将训练好的深度学习模型应用于前景提取任务。输入待处理的图像，通过前向传播得到模型的输出。输出可以是二值化的前景掩膜，其中前景区域被置为1，背景区域被置为0。也可以是像素级别的前景图像，其中前景像素被保留，背景像素被抑制。

5. 后处理

为了进一步提高前景提取的质量，常常需要进行后处理步骤。后处理可以包括去除噪声、填补前景中的空洞、合并相邻的前景区域等操作。常用的后处理方法包括形态学操作、连通区域分析和像素标记等。

基于深度学习的前景提取方法具有较高的准确性和鲁棒性，能够应对复杂的动态背景场景。然而，由于深度学习方法对计算资源的要求较高，实时性方面可能存在一定的挑战。因此，在实际应用中，需要根据具体场景和需求进行权衡和优化。

三、背景建模

在动态背景下的空间运动目标检测中，背景建模是关键的一步，用于对背景进行建模和更新。背景建模方法通过对一系列帧的像素值进行统计分析，估计和更新每个像素的背景模型，以适应背景的变化，并更准确地检测和跟踪目标。

（一）高斯混合模型（Gaussian Mixture Model，GMM）

高斯混合模型是一种常用的背景建模方法，用于动态背景下的空间运动目标检测。该方法假设背景像素的灰度值服从多个高斯分布的混合模型，通过建立和更新每个像素的背景模型，可以准确地提取出前景目标。

1.高斯混合模型的步骤

（1）初始化背景模型。首先，通过采集一段时间内的静止背景图像，建立初始的背景模型。这些静止背景图像可以是连续帧的平均值或中值。对于每个像素位置，使用高斯分布来建模其背景像素值，并初始化高斯分布的参数，包括均值、方差和权重。

（2）更新背景模型。随着时间的推移，输入新的帧序列，通过统计分析来更新每个像素位置的背景模型。对于每个像素位置，计算当前像素值与其背景模型的差异。如果差异小于某个阈值，则将该像素标记为背景；如果差异超过阈值，则将该像素标记为前景。

（3）高斯分布的权重更新。在更新过程中，需要根据像素值的变化来调整每个高斯分布的权重。如果像素值与某个高斯分布的均值相似，则该高斯分布的权重增加；如果像素值与所有高斯分布的均值都不相似，则需要新建一个高斯分布来适应该像素的变化。

（4）高斯分布的参数更新。对于与背景模型相差较大的像素，需要更新对应的高斯分布的参数。通过采用递增学习率（Incremental Learning Rate）来平衡新观测值和历史观测值对高斯分布参数的影响，可以逐步适应背景的变化。

（5）前景提取。根据像素与背景模型之间的差异，将差异超过一定阈值的像素标记为前景。这样可以得到前景目标的二值图像，用于后续的目标检测和跟踪。

2.高斯混合模型方法的优点

（1）高斯分布的数量和权重更新。在建模过程中，可以根据实际情况动态地调整高斯分布的数量和权重。当背景场景变化较小时，使用较少的高斯分布可以减少计算量；而当背景场景变化较大时，可以增加高斯分布的数量以更好地适应背景变化。

（2）学习率的自适应调整。学习率是控制新观测值和历史观测值对高斯分布参数更新的权重。为了平衡学习的速度和背景变化的快慢，可以根据场景中的动态性自适应调整学习率。例如，当场景变化较小时，可以降低学习率以避免过度适应；而当场景变化较大时，可以增加学习率以更快地适应变化。

（3）模型选择和验证。在使用高斯混合模型之前，可以使用一些模型选择和验证的技术来确定合适的模型参数。例如，可以使用交叉验证或信息准则来选择合适的高斯分布数量，以及确定合适的阈值参数。

（4）自适应背景更新范围。在实际场景中，不同区域的背景更新速度可能不同。例如，一些区域可能容易受到动态目标的影响，而另一些区域可能更稳定。因此，可以根据区域的特性调整背景更新的范围和频率，以提高模型的准确性和鲁棒性。

（5）背景模型的维护和清理。随着时间的推移，背景模型可能会受到一些干扰和误差的影响，导致模型的准确性下降。因此，需要定期进行背景模型的维护和清理，去除无效的高斯分布或过时的背景模型，以保持模型的可靠性。

高斯混合模型是一种常用的背景建模方法，通过建立和更新每个像素位置的背景模型，可以准确地提取出前景目标。通过优化和改进策略，可以进一步提高模型的适应性、准确性和鲁棒性，从而实现有效的空间运动目标检测。

（二）自适应背景建模

自适应背景建模是一种在动态背景下空间运动目标检测中常用的前景提取方法。它通过对背景进行建模来判断像素是否属于前景，并且能够自适应背景的变化。自适应背景建模方法的核心思想是通过统计分析输入帧中像素的变化，建立一个表示背景的模型，并通过与该模型的比较来判定前景目标。

1. 自适应背景建模的步骤

（1）初始背景建模。在开始阶段，需要利用一段时间内的静态帧来建立初始的背景模型。这些静态帧可以是背景场景下的连续帧，或者是摄像头启动时的背景图像。初始背景模型可以使用简单的平均值或中值表示背景，也可以使用更复杂的概率模型，如高斯模型或混合高斯模型。

（2）背景更新。随着时间的推移，输入帧中的背景可能会发生变化，如光照变化、摄像头移动或者场景的逐渐变化。为了适应这些变化，背景模型需要进行自适应更新。更新的方法可以包括像素级别的更新和区域级别的更新。像素级别的更新将根据当前帧与背景模型之间的像素差异来决定是否更新背景模型，以及更新的幅度。区域级别的更新则将一些连续的像素区域标记为背景，利用空间连续性进行背景模型的更新。

（3）前景提取。通过比较当前帧与背景模型之间的像素差异，可以将与背景模型显著不同的像素标记为前景。常用的方法包括基于像素差异的阈值判断、基于像素差异的概率模型判断等。根据实际应用需求，可以设定适当的阈值控制前景提取的灵敏度，平衡前景的准确性和漏检率。

（4）前景更新和融合。连续帧之间的前景提取结果可能存在一些噪声或不连续的前景区域。为了获得更准确的前景信息，可以进行前景更新和融合操作。前景更新可以通过对前景像素进行连续帧之间的运动分析和像素变化分析更新前景目标的位置和形状。前景融合可以将连续帧中的前景目标进行合并，形成更准确的前景区域。可以通过像素级别的融合、区域级别的融合或者基于运动模型的融合来实现。

（5）前景检测和跟踪。在前景提取阶段，通过自适应背景建模可以得到一系列前景目标。接下来的任务是对前景目标进行检测和跟踪。常见的方法包括基于轮廓的目标检测和跟踪、基于运动模型的目标检测和跟踪、基于特征点匹配的目标检测和跟踪等。这些方法可以结合自身适应背景建模的结果，对前景目标进行定位、追踪和识别，实现对空间运动目标的检测和分析。

　　2.自适应背景建模方法的优势和应用

　　（1）自适应性。自适应背景建模能够根据输入帧的变化自适应地更新背景模型，从而适应背景的变化。这使得它在复杂背景和长时间连续检测的场景中表现出良好的适应性和稳定性。

　　（2）鲁棒性。自适应背景建模能够处理光照变化、摄像头移动和场景变化等因素对背景的影响。通过对输入帧进行自适应的背景建模和更新，它能够在不同环境下有效地提取前景目标，并且对背景变化具有一定的鲁棒性。

　　（3）实时性。自适应背景建模方法通常具有较快的处理速度，可以在实时系统中实时进行背景建模和前景提取。这使得它适用于实时视频检测和实时目标跟踪等。

　　（4）低成本。自适应背景建模方法只需要基于输入帧的像素值进行计算和分析，不需要额外的传感器或设备。这使得它具有较低的成本，适用于普通摄像机或监控系统。

　　自适应背景建模是一种常用的前景提取方法，在动态背景下的空间运动目标检测中具有广泛应用。它通过对背景进行建模来判断像素是否属于前景，并且能够自适应地适应背景的变化。然而，自适应背景建模方法仍然面临一些挑战和限制，需要在实际应用中进行合理的参数选择和调整，以及对误检和漏检等问题进行进一步改进。

四、运动估计和目标跟踪

　　在动态背景下，目标的运动通常与背景的运动相混合。因此，需要进行运动估计和目标跟踪，将目标从背景中分离出来并跟踪其运动轨迹。

（一）运动估计方法

　　1.块匹配法

　　块匹配法将图像分为块，并通过在连续帧之间进行块级别的匹配来估计目标的运动。常见的块匹配方法包括全局块匹配和局部块匹配。块匹配法适用于存在较大的目标运动或场景中存在较大的遮挡情况。

2.相关滤波

相关滤波方法使用滤波器对目标进行建模，并通过计算滤波器在连续帧中的响应估计目标的运动。该方法可以减少计算量，并且对于存在噪声和部分遮挡的情况具有较好的鲁棒性。

（二）目标跟踪方法

1.基于特征点的跟踪

基于特征点的跟踪方法通过提取图像中的关键点或特征点，并通过匹配和跟踪这些特征点实现目标的跟踪。常见的特征点包括角点、边缘点和尺度不变特征点（SIFT、SURF 等）。该方法对于目标存在较大形变或姿态变化的情况较为有效。

2.基于外观模型的跟踪

基于外观模型的跟踪方法将目标的外观特征建模为模板或描述子，并通过计算目标与模板之间的相似度进行跟踪。常见的外观模型包括颜色直方图、纹理特征、形状模型等。该方法对于目标的外观变化较小的情况较为适用。

3.基于深度学习的跟踪

学习方法在目标跟踪领域取得了显著的进展。基于深度学习的目标跟踪方法利用深度神经网络学习目标的表示和运动模式，从而实现准确的目标跟踪。

（1）基于卷积神经网络（CNN）的目标跟踪。通过使用卷积神经网络提取图像特征，并通过监督学习的方式训练网络预测目标的位置或生成目标的边界框。这种方法可以捕捉目标的语义信息和上下文信息，从而提高跟踪的准确性和鲁棒性。

（2）基于循环神经网络（RNN）的目标跟踪。循环神经网络可以处理时序数据，对目标的运动序列进行建模。通过将图像序列作为输入，RNN 可以学习目标的动态模式，并预测目标在未来帧中的位置或生成边界框。这种方法能够考虑目标的历史信息和运动上下文，提高目标跟踪的连续性和鲁棒性。

（3）基于 Siamese 网络的目标跟踪。Siamese 网络是一种孪生网络结构，用于学习目标和背景之间的相似性度量。通过在训练阶段将目标和背景样本进行对比，Siamese 网络可以学习到目标的表示，并在测试阶段通过计算目标与候选区域之间的相似性进行跟踪。这种方法具有较好的泛化能力和实时性能。

综合利用运动估计和目标跟踪方法，可以实现在动态背景下的空间运动目标检测。先通过运动估计方法获取目标的运动信息，然后利用目标跟踪方法对目标进行实时跟踪和定位。通过不断更新目标的位置和姿态，可以实现对目标的准确检测和跟踪。这些方法在视频监控、智能交通等领域具有广泛的应用前景。

五、基于模型的方法

基于模型的方法在动态背景下的目标检测中发挥着重要作用。这些方法使用物体的几何形状、运动模型或外观模型描述目标，并将其与背景进行比较，以实现目标的检测和识别。

（一）形状模型

形状模型方法是一种基于模型的目标检测方法，它通过对目标的几何形状进行建模和分析来实现目标的检测和跟踪。这种方法将目标的形状表示为一组特征点或轮廓点的集合，并利用这些点在连续帧中的位置变化推断目标的运动和变形。以下是形状模型方法的详细说明。

1.特征点提取

形状模型方法需要从目标图像中提取出一组特征点，这些特征点通常位于目标的边界或重要的形状区域。常用的特征点提取算法包括 Harris 角点检测、SIFT、SURF 等。

2.形状建模

提取到的特征点被用来构建目标的形状模型。形状模型可以是简单的点集，也可以是更复杂的轮廓曲线。一种常见的形状模型是主动外观模型（Active Shape Model，ASM），它使用统计形状模型来表示目标的形状变化范围，并通过形状特征的统计分析来捕捉目标的形状特征。

3.形状匹配

在目标跟踪过程中，形状模型与当前帧的目标区域进行匹配。通过比较形状模型中的特征点、轮廓与当前帧中的相应特征点、轮廓之间的差异，可以评估目标的形状变化和位置偏移。常用的匹配算法包括最小二乘法、迭代最近点算法等。

4. 目标跟踪

根据形状匹配的结果，可以实现对目标的实时跟踪。通过更新形状模型中的特征点或轮廓位置，可以反映目标的运动和形变。跟踪过程中，需要考虑目标的运动模式和形状变化范围，以保持模型的准确性和鲁棒性。

形状模型方法在动态背景下的目标检测中具有一定的优势。它可以通过形状信息来区分目标与背景之间的差异，对目标的变形和运动具有较好的响应能力。此外，形状模型方法可以与其他技术相结合，如背景建模、光流估计等，形成更强大的目标检测系统。

（二）运动模型

运动模型方法是一种基于模型的目标检测方法，它利用目标的运动信息实现目标的检测和跟踪。这种方法基于对目标运动模式的建模，通过与背景的运动进行比较，可以检测出目标的运动并进行跟踪。

1. 运动模型建立

运动模型方法需要建立目标的运动模型。运动模型可以是线性的、非线性的或基于物理学原理的。线性模型假设目标的运动是线性的，可以使用线性方程或矩阵来描述目标的位置或速度变化。非线性模型则更适用于描述复杂的目标运动，如目标的加速度、转向等。基于物理学原理的模型则基于目标的物理特性和运动规律，如运动物体的牛顿运动定律。

2. 运动模型参数估计

在目标跟踪过程中，需要根据观测数据来估计运动模型的参数。这些观测数据可以是目标在连续帧中的位置、速度或其他相关信息。常见的参数估计方法包括最小二乘法、卡尔曼滤波、粒子滤波等。这些方法利用观测数据来优化运动模型的参数，以适应目标的运动特性。

3. 运动模型匹配

在目标跟踪过程中，运动模型与当前帧中的目标区域进行匹配。通过比较运动模型预测的目标位置与实际观测到的目标位置之间的差异，可以评估目标的运动情况。匹配方法可以根据具体的运动模型选择合适的算法，如最小二乘法、最大似然估计等。

4. 目标跟踪

通过更新运动模型的参数，可以实现对目标的实时跟踪。跟踪过程需要考虑目标的运动特性和运动模型的准确性，以确保跟踪结果的稳定性和精度。对于复杂的运动模式，可能需要使用更高级的技术，如非线性滤波或深度学习方法，来实现更精确的目标跟踪。

运动模型方法在动态背景下的目标检测中具有一定的优势。它能够根据目标的运动模式区分目标与背景之间的差异，并对目标的运动行为进行建模和预测。

（三）外观模型

基于外观模型的方法在动态背景下的空间运动目标检测中起着重要的作用。通过对目标的外观特征进行建模和比较，能够有效地检测和识别目标，尤其适用于目标的外观变化较大或形状不规则的情况。

1. 特征提取与描述

外观模型方法需要提取目标的特征信息，常用的特征包括颜色直方图、纹理特征、形状特征等。这些特征可以通过图像处理和计算机视觉技术提取和描述。特征的选择应该能够捕捉到目标的关键外观信息，并且对背景的变化具有一定的鲁棒性。

2. 模型匹配和识别

一旦目标的外观特征被提取和描述，接下来的任务是将其与背景进行比较、匹配和识别。可以通过各种相似度量方法实现，如相关性匹配、欧氏距离、汉明距离等。通过计算目标特征与背景的差异或相似度，可以确定目标是否存在于当前帧中。

3. 跟踪和更新

基于外观模型的方法通常还涉及目标的跟踪和更新过程。一旦目标被检测到并与背景匹配，可以利用目标的外观模型跟踪目标在连续帧中的位置和姿态变化。在跟踪过程中，可以根据目标的外观模型进行状态估计和预测，实现对目标的实时跟踪和更新。

4. 变化检测和自适应

基于外观模型的方法还可以用于检测背景的变化并进行自适应调整。当背景发生变化时，目标的外观模型也需要相应的更新。可以通过不断收集新的背景样本并重新建模来实现。同时，还可以利用变化检测算法来检测和处理动态背景下的干扰或噪声，提高目标检测和识别的准确性。

基于外观模型的方法在许多领域都得到了广泛的应用，如视频监控、行人检测、人脸识别等。它们能够捕捉到目标的视觉特征，对目标的外观变化具有一定的鲁棒性，因此，在动态背景下的空间运动目标检测中具有较好的性能和适用性。

六、多假设跟踪

多假设跟踪是一种应对动态背景下目标检测中的挑战的有效方法。在复杂的场景中，目标的遮挡、出现和消失等问题会导致单一目标跟踪的失败，因此，利用多假设跟踪的思想可以提高跟踪的鲁棒性和准确性。

（一）原理

多假设跟踪的核心思想是为每个目标生成多个假设，并对这些假设进行更新和验证，以选择最佳的跟踪结果。通过对目标的运动特征、外观信息和上下文信息的分析，可以生成不同的假设描述目标的不同可能状态。然后，通过不断更新和验证这些假设，选择最符合实际情况的跟踪结果。

在动态背景下，目标可能会出现遮挡、出现和消失等情况，单一假设的跟踪方法可能会面临较大的挑战。多假设跟踪的思想是为每个目标生成多个假设，以覆盖目标可能的状态变化。每个假设描述了目标的不同状态和特征，如位置、速度、姿态、外观等。

假设的生成是多假设跟踪的第一步。生成假设的过程可以基于目标的历史信息、外观特征、运动模型和上下文信息等。通过生成多个假设，可以建立一个假设空间，涵盖目标可能的状态和特征。

假设需要根据新的观测数据进行更新。包括利用目标的运动模型、外观模型和观测数据进行状态更新，使假设与实际目标状态更加一致。更新的过程可以使用滤波器、优化算法或机器学习方法等。

假设需要对观测数据进行验证，以确定其准确性和可靠性。通过比较假设与观测数据的一致性和拟合程度，可以评估每个假设的质量。这一步骤通常涉及特征匹配、相似度量、模型拟合等技术，以判断假设是否能够解释和预测观测数据。

　　基于验证的结果，可以选择最佳的跟踪结果。选择的标准可以根据应用需求和评估指标而定，如位置精度、姿态准确度、外观一致性等。最佳假设通常是与观测数据一致且具有较高置信度的假设。

　　多假设跟踪方法的优势在于其能够应对动态背景下的不确定性和目标状态变化。通过生成多个假设并对其进行更新和验证，该方法能够提高跟踪的鲁棒性和准确性。在视频监控、无人驾驶、机器人导航等领域具有广泛应用。

　　（二）假设生成

　　在多假设跟踪中，假设的生成是一个关键步骤。可以通过利用目标的历史轨迹、外观特征、运动模型等信息来生成假设。例如，可以利用目标的历史轨迹和外观信息预测目标的下一个位置和外观，生成多个可能的假设。

　　1.基于历史轨迹

　　通过分析目标的历史轨迹，可以生成基于预测的假设。例如，可以利用目标的运动模式和速度信息，预测目标在下一帧中可能出现的位置。这样可以生成多个假设，每个假设代表了目标可能的位置。

　　2.基于外观特征

　　目标的外观特征对于生成假设也起着重要作用。通过分析目标的外观信息，如颜色、纹理、形状等，可以生成基于外观的假设。例如，可以使用目标的外观模型或视觉特征描述子，生成多个假设，每个假设代表了目标可能的外观。

　　3.基于运动模型

　　目标的运动模型描述了目标在时间和空间上的变化规律。通过分析目标的运动模式和动态特性，可以生成基于运动模型的假设。例如，可以利用目标的加速度、转向角等运动参数，生成多个假设，每个假设代表了目标可能的运动状态。

　　4.基于上下文信息

　　除了目标自身的特征和模型，上下文信息也可以用于生成假设。上下文信息可以包括场景结构、物体间的关系和先验知识等。通过分析目标所处的上下文环境，可以生成基于上下文的假设。例如，在行人跟踪中，可以利用人群的行为模式和行人之间的相互影响，生成多个假设，每个假设代表了目标可能的行为状态。

在假设生成过程中，通常会考虑多个因素的综合，如目标的历史信息、外观特征、运动模型和上下文信息。生成的假设应该能够覆盖目标可能的状态变化，并且具有一定的多样性和鲁棒性。通过生成多个假设，可以在动态背景下更好地适应目标的不确定性和复杂性，提高跟踪的准确性和可靠性。

（三）假设更新和验证

生成假设后，需要通过观测数据来对这些假设进行更新和验证。可以利用目标的运动模型、外观模型、运动估计等技术来更新假设。通过与实际观测数据进行比较和匹配，对假设进行验证和筛选，选择最佳的跟踪结果。

1.假设更新

（1）运动模型更新。根据目标的运动模型，使用预测步骤来更新每个假设的状态。这可以包括位置、速度、方向等运动参数的更新。

（2）外观模型更新。根据目标的外观模型，使用预测步骤来更新每个假设的外观特征。这可以包括颜色、纹理、形状等外观属性的更新。

（3）上下文信息更新。根据目标所处的上下文环境，使用预测步骤来更新每个假设的上下文信息。这可以包括场景结构、物体间关系等的更新。

2.假设验证

（1）观测数据匹配。将每个假设与实际观测数据进行比较和匹配，以确定其与观测数据的一致性。这可以通过计算假设与观测数据之间的相似度或误差来实现。

（2）评估指标计算。根据跟踪任务的要求，定义适当的评估指标衡量每个假设的质量。常见的评估指标包括匹配度、准确性、稳定性等。

（3）假设筛选。根据评估指标，对每个假设进行筛选和排序。通常会选择具有最佳匹配度、最高准确性或最具稳定性的假设作为最终的跟踪结果。

3.假设管理

（1）假设融合。对于多个假设之间存在重叠或冲突的情况，可以进行假设融合，以得到更准确和完整的跟踪结果。融合方法可以包括加权平均、概率统计等。

（2）假设生成与删除。根据跟踪任务的需要，可以动态地生成新的假设或删除不符合条件的假设。可以通过添加新的假设或根据评估指标进行假设的淘汰来实现。

假设更新和验证过程是迭代进行的，在每个时刻都会根据新的观测数据和先前的跟踪结果进行更新和验证。通过持续地更新和验证假设，可以逐步提高跟踪算法的准确性、鲁棒性和实时性，以适应动态背景下的目标变化和复杂性。

（四）跟踪结果选择

在多假设跟踪中，根据假设的更新和验证结果，可以选择最佳的跟踪结果作为最终的跟踪输出。可以利用目标的位置、速度、姿态、外观等信息来评估每个假设的质量，并选择最符合实际观测的跟踪结果。

1.假设质量评估

（1）位置准确性评估。计算每个假设的位置与实际观测位置之间的误差。较小的误差表示更准确的位置估计。

（2）运动一致性评估。根据目标的运动模型，评估每个假设的运动与实际观测运动的一致性。较高的一致性表示更可靠的运动估计。

（3）外观匹配度评估。比较每个假设的外观与实际观测外观之间的相似度。较高的相似度表示更好的外观匹配。

（4）稳定性评估。通过观察每个假设的变化趋势和持续性，评估其在连续帧中的稳定性。较高的稳定性表示更可靠的跟踪结果。

2.跟踪结果选择

（1）最大置信度。根据假设的质量评估指标，选择具有最高置信度的假设作为最终的跟踪结果。可以根据不同的评估指标进行加权组合，得到综合的置信度。

（2）多假设融合。对于多个假设之间存在重叠或冲突的情况，可以通过融合多个假设的信息，得到更准确和完整的跟踪结果。融合方法可以包括加权平均、概率统计等。

（3）动态阈值筛选。根据设定的阈值，筛选掉质量低于阈值的假设，以排除不可靠的跟踪结果。

在选择最佳的跟踪结果时，需要综合考虑不同的评估指标和任务需求。某些应用可能更关注位置准确性，而另一些应用可能更关注外观匹配度。因此，在实际应用中，根据具体情况进行权衡和调整，选择最适合的跟踪结果作为最终输出。

（五）鲁棒性和准确性

多假设跟踪方法通过生成多个假设并进行更新和验证，可以提高跟踪的鲁棒性和准确性。即使在目标遮挡、出现和消失等复杂情况下，多假设跟踪可以通过选择最佳的假设保持跟踪的稳定性和准确性。

1. 鲁棒性

鲁棒性是多假设跟踪方法在动态背景下的关键优势之一。在复杂的检测场景中，目标遮挡、出现和消失及形变和运动模式变化等因素会对目标跟踪造成挑战。多假设跟踪可以在以下情况中提高鲁棒性，确保跟踪的稳定性和准确性。

（1）目标遮挡。当目标被遮挡时，多假设跟踪方法能够生成多个假设来描述目标的可能位置和运动状态。即使其中一个假设被遮挡，其他假设仍能对目标进行有效跟踪。通过跟踪多个假设，可以避免因目标遮挡导致的跟丢问题。

（2）目标出现和消失。在目标出现和消失的情况下，多假设跟踪能够快速生成新的假设或删除不合适的假设。当目标出现时，可以根据先前的观测数据和目标特征生成新的假设，并将其添加到跟踪集合中。当目标消失时，可以根据目标最后的位置和运动模式删除不再合适的假设。通过及时更新和调整假设，多假设跟踪方法能够适应目标状态的变化，保持跟踪的连续性和稳定性。

（3）目标形变和运动模式变化。目标在动态背景中可能经历形变和运动模式的变化。多假设跟踪方法可以生成多个假设来适应这些变化。通过考虑不同的假设，可以涵盖目标的各种形状和运动模式，减少形变和运动模式变化对跟踪准确性的影响。通过比较和验证不同假设与观测数据的吻合程度，可以选择最符合实际情况的假设，提高跟踪的准确性。

多假设跟踪方法通过生成多个假设、灵活调整和更新假设，并根据观测数据对假设进行验证和筛选，从而提高了跟踪的鲁棒性。这使得多假设跟踪在复杂的动态背景下能够保持跟踪的稳定性和准确性，适用于许多实际应用领域，如视频监控、自动驾驶、无人机跟踪等。

2. 准确性

准确性是多假设跟踪方法的一个重要目标，通过假设的更新和验证及跟踪结果的选择，可以提高跟踪的准确性。

首先，多假设跟踪方法在假设的更新和验证过程中利用观测数据来估计目标的位置、速度、姿态等关键信息。通过与实际观测数据的匹配和比较，可以准确地更新假设中的目标状态。例如，利用目标的运动模型和观测数据的一致性，可以对目标的位置和速度进行预测和更新。同时，通过与目标的外观模型进行比较，可以验证假设中的目标外观是否与观测数据相符，进一步提高跟踪的准确性。

其次，多假设跟踪方法在假设的生成和更新过程中采用多样化的信息源，包括目标的历史轨迹、外观特征、运动模型等。通过综合利用这些信息，可以更准确地生成和更新假设。例如，基于目标的历史轨迹和外观信息，可以预测目标的下一个位置和外观，并生成多个可能的假设。这样，不仅可以增加对目标位置的准确性，还可以提供更多的选择空间，以适应目标的运动变化和复杂的动态背景。

再次，多假设跟踪方法通过对多个假设进行评估和比较选择最佳的跟踪结果，提高跟踪的准确性。评估假设的质量可以基于多个因素，如假设与观测数据的一致性、假设的置信度、假设与先前的跟踪结果的连续性等。通过综合考虑这些因素，可以对假设进行排序和选择，选取具有最高质量的假设作为最终的跟踪结果。这样，就能够准确地捕捉目标的运动和外观变化，提供稳定和准确的跟踪输出。

最后，多假设跟踪方法通过不断更新和验证假设，选择最佳的跟踪结果，实现了跟踪准确性的提升。通过灵活的假设生成、更新和选择过程，多假设跟踪方法能够适应不同目标和复杂环境的变化，提供准确的跟踪输出。

七、动态背景下运动目标的检测算法实现

（一）动态背景下运动目标的检测步骤

1. 图像配准

将第一帧图像与第三帧图像进行配准，以消除它们之间的平移、旋转和比例变化等几何变换。可以使用特征点匹配或其他配准方法来求取它们之间的变换关系。

将第二帧图像与第四帧图像进行配准，同样消除它们之间的几何变换。

2.差分图像计算

将配准后的第一帧与第三帧进行差分，得到第一幅差分图像。差分图像可以突出动态目标在两帧图像之间的变化。

将配准后的第二帧与第四帧进行差分，得到第二幅差分图像。

3.运动目标检测

将两幅差分图像进行逐像素相乘。相乘后的图像中，运动目标存在的区域会得到较高的相关峰，而其他不连续的区域的数值为零或较小。

通过设置适当的阈值，可以排除虚假目标的干扰，得到较精确的运动目标的边缘。

4.形态学处理和阴影去除

对差分相乘图像进行形态学处理，如腐蚀和膨胀操作，以去除噪声和平滑目标的边缘。

进行阴影去除操作，因为在动态背景下，目标的阴影可能导致错误检测。可以利用颜色模型或纹理特征来分割和去除阴影。

5.目标跟踪和形心计算

根据前一帧的跟踪结果，将形态学处理和阴影去除后的图像作为当前帧，利用形心法计算目标的形心位置坐标。

将计算得到的形心位置作为下一帧跟踪的初始位置。

通过以上步骤，动态背景下运动目标的检测算法可以实现对运动目标的准确检测和跟踪。可以根据实际需求进行参数调整和优化，如阈值选择、形态学操作的参数设置等，以获得更好的检测结果。

（二）类的定义

在动态背景下运动目标的检测算法中，可以定义一个名为 Dynamic ObjectDetection 的类来实现该算法。该类包含以下属性和方法。

1.属性

current_frame：当前帧的图像数据。

previous_frame：上一帧的图像数据。

registration_threshold：配准阈值，用于判断图像是否需要配准。

diff_threshold：差分图像的阈值，用于提取运动目标的边缘。

morphology_kernel：形态学操作的核大小。

shadow_removal：是否进行阴影去除的标志。

2. 方法

initialize（ ）：初始化检测器，包括设置阈值、核大小和阴影去除标志等参数。

detect_motion（ ）：进行动态背景下的运动目标检测，包括图像配准、差分图像计算、运动目标提取和阴影去除等步骤。

register_frames（ ）：对当前帧和上一帧进行图像配准，消除它们之间的几何变换。

compute_difference（ ）：计算配准后的差分图像，突出运动目标在两帧图像之间的变化。

extract_objects（ ）：根据差分图像和阈值，提取运动目标的边缘。

remove_shadows（ ）：根据阴影去除标志，进行阴影去除操作。

get_detected_objects（ ）：获取检测到的运动目标。

通过定义上述类型及其属性和方法，可以便于实现动态背景下运动目标的检测算法。根据具体需求，可以进一步扩展类的功能，如添加目标跟踪、运动估计等功能，以实现更复杂的目标检测与跟踪系统。

（三）函数调用

在动态背景下运动目标的检测算法中，可以通过以下函数调用实现：

首先，建立一个名为 ChafenMul 的对象，该对象的构造函数需要提供帧图像大小和目标阈值参数。

detector = ChafenMul（frame_size, threshold）

其次，在每一帧图像到来时，都调用 PrepareData 函数，并将当前帧数据作为参数传入。

for frame in frames：

detector.PrepareData（frame）

然后，在准备了 4 帧数据后，调用 process 函数进行目标检测。

if detector.Ready（ ）：

detector.process（）

在目标检测过程中，大于阈值的像素将被认为是目标区域，并用白色表示。可以通过访问 frame1 属性来获取目标检测结果。

target_mask = detector.frame1 > threshold

最后，可以将目标检测结果输出或进行其他处理。

output_frame = target_mask * 255

以上是函数调用的主要流程。在每一帧图像中，通过调用 PrepareData 函数准备数据，并在准备了 4 帧数据后，调用 process 函数进行目标检测。通过比较差分图像和阈值，可以得到目标区域的掩码。将大于阈值的像素设为白色，可以用来表示目标区域。

图 4-1 为第 n 帧图像，图 4-2 为第 $n+1$ 帧图像，图 4-3 为差分相乘后的效果图（1），图 4-4 为差分相乘后的效果图（2）。如果只用帧间差分方法来进行目标检测的话，差分图像中存在大量的噪声，这样很难将运动目标从差分图像中提取出来。但如果对差分图像进行相乘运算，图像的噪声被大大消减，很容易将目标检测出来。

图 4-1　第 n 帧图像　　　　　　图 4-2　第 $n+1$ 帧图像

图 4-3　差分相乘后的效果图（1）　　图 4-4　差分相乘后的效果图（2）

第五章　空间运动目标的检测方法

第一节　运动物体的常用检测方法

一、光流法

光流法也称为"光流分析法"，由 Hom 和 Schunk 两位科学家于 20 世纪 80 年代提出。利用图像像素的灰度值在时间上的变化与视频中运动目标的关系来进行运动检测。从二维图像而言，图像序列中的灰度（或亮度）分布的不同包含了其场景中运动目标的信息，从而，空间中的运动信息转移到图像上就表示为光流场，反映了每一像素点的灰度变化趋势即瞬时的速度场。光流法对物体的运动非常敏感，不需要预先知道场景的任何信息，能够检测独立运动的对象，所以一般在摄像机运动的环境下，光流法可以充分发挥出其优势。虽然这种方法有很多优点，但是光流法是建立在背景亮度不变的基础上的，大多数智能监控环境很难满足此条件，运动目标的灰度及阴影会随着运动而发生改变。另外，噪声、阴影、遮挡等各种不确定原因，使得计算出的光流场分布可靠性和准确性不高，并且光流法的数据量大、计算复杂，除非有专用硬件设备的支持，一般很难满足实际工程应用中实时性的要求。因此，在智能视频监控的实用领域，较少采用光流法来检测运动目标。

（一）光流法基本原理

光流法是一种基于像素灰度值变化的运动目标检测方法，基本原理是通过分析图像序列中像素点的灰度分布变化推断物体在二维图像平面上的运动情况。在真实的三维空间中，物体的运动可以通过运动场来描述，而在二维图像平面上，光流场则表示了运动场在相机平面上的映射关系。

光流场可以看作是三维空间中物体运动在图像平面上的映射，其中每个像素点都对应着一个瞬时的速度向量。当物体在三维空间内移动时，即使是静止的物体在某一时刻也会有瞬时的速度。当这些物体被投影到二维图像平面上时，就会产生相应的光流。光流场包含了图像中所有像素点的瞬时速度信息，反映物体在二维图像中的运动规律。

光流的计算基于以下三个要素：运动速度场、带有运动信息的光学特征和三维场景到图像平面的成像投影。

首先，光流法需要假设存在运动速度场，即认为整个图像区域中的像素点都具有瞬时速度。这个假设是基于物体在三维空间中的运动。通过分析像素点在时间上的灰度值变化，可以推断出像素点的速度信息。

其次，光流法依赖于带有运动信息的光学特征。一般来说，像素点的灰度值用来表示图像的亮度或颜色信息。当物体发生运动时，像素点的灰度值会随着时间的推移而发生变化。通过观察像素点灰度值的变化模式，可以推断出像素点所对应物体的运动情况。

最后，光流法需要考虑从三维场景到图像平面的成像投影。在图像平面上，物体的运动会产生视差，即物体在不同位置所对应的像素点之间的距离变化。通过分析像素点之间的视差，可以推断出物体的运动速度和方向。

图5-1展示了光流法的基本原理。在图像序列中，物体的运动会导致像素点的灰度值发生变化，形成光流场。光流场表示了图像中所有像素点的瞬时速度信息。通过对光流场进行分析和处理，可以提取出物体的运动轨迹和运动信息，实现对空间运动目标的检测和跟踪。

虽然光流法作为一种基于像素灰度值变化的运动目标检测方法具有一定的优势，但在实际应用中也存在着一些限制和挑战。为了提高光流法的准确性和鲁棒性，研究人员不断探索改进的方法，如结合其他信息源、引入背景建模和利用机器学习算法等。这些努力旨在提高光流法在智能视频监控等实际领域的应用性能，并为空间运动目标的检测和跟踪提供更可靠和准确的解决方案。

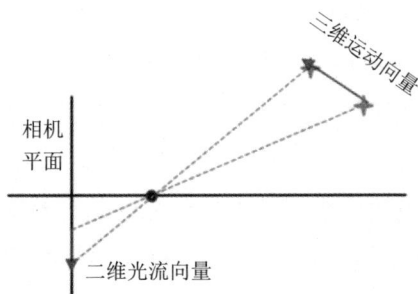

图 5-1 三维空间运动及二维平面投影关系

（二）常见光流估计算法

1. HS 光流法

在光流法中，HS 光流法是一种常见的光流估计算法，它由 Horn 和 Schunck 于 1981 年提出。HS 光流法通过最小化一个能量函数来计算光流场，该能量函数考虑了光流场的平滑性和亮度不变性约束。

HS 光流法的基本原理是，在图像序列中，假设每个像素点在相邻帧之间的灰度值变化是由该像素点的运动引起的。它假设在一个连续的图像序列中，每个像素点的亮度值在时间上保持不变，即亮度不变性假设。根据这个假设，可以建立一个约束方程描述像素点的亮度变化与其光流之间的关系。

HS 光流法的目标是求解整个图像中每个像素点的光流向量，使得满足亮度不变性约束的同时，光流场在空间上具有平滑性。为了实现这个目标，HS 光流法将光流场视为一个平滑函数，并利用偏微分方程描述它的变化。具体而言，HS 光流法通过最小化一个能量函数来获得平滑的光流场。这个能量函数由两部分组成：数据项和平滑项。

数据项是根据亮度不变性约束建立的，它衡量了图像序列中每个像素点的亮度变化与其光流之间的差异。平滑项是为了保证光流场的平滑性，它衡量了相邻像素点的光流之间的差异。

HS 光流法的求解过程可以通过迭代的方式进行。初始时，可以给定一个初始的光流场估计，然后通过迭代更新光流场，直到达到收敛条件为止。在每次迭代中，通过优化能量函数更新光流场的估计值。最常用的优化方法是求解偏微分方程，如求解 Poisson 方程或通过最小二乘法进行优化。

HS 光流法的优点是可以估计稠密的光流场，即在图像中的每个像素点都可以得到一个光流向量。然而，它也存在一些限制。由于它假设图像序列中的亮度保持不变，因此，在亮度变化较大的情况下，其估计结果可能不准确。此外，HS 光流法对噪声和遮挡也比较敏感，这可能会导致光流场的不连续性和不稳定性。

总的来说，HS 光流法作为一种常见的光流估计算法，它在计算光流场时考虑了亮度不变性约束和光流平滑性，通过最小化能量函数来优化光流场的估计。然而，由于亮度变化、噪声和遮挡等因素的存在，HS 光流法存在一定的局限性。为了克服这些问题，研究者们进一步提出了一些改进的光流估计算法。

2. LK 光流法

LK（Lucas-Kanade）光流法是一种经典的光流估计算法，它在光流场的估计中考虑了局部区域的亮度变化。LK 光流法假设光流在一个局部区域内是连续且平滑的，并且通过最小化残差来计算光流的估计值。

LK 光流法的基本原理是通过在图像中选择一个小的窗口，假设窗口内的像素点具有相同的亮度变化，然后通过计算窗口内像素点在两个相邻帧之间的灰度差异来估计光流。具体而言，LK 光流法利用亮度不变性约束，假设窗口内像素点的亮度在两个相邻帧之间是保持不变的，即光流法计算的结果应该能够最小化窗口内像素点灰度差异的平方和。

对于一个选定的窗口，假设在当前帧的位置为 (x, y)，在下一帧的位置为 $(x+u, y+v)$，其中 (u, v) 表示光流向量。LK 光流法通过在窗口内进行局部近似，并利用灰度差异的最小二乘法来求解光流向量 (u, v)。具体地，LK 光流法通过对窗口内的每个像素点应用 Taylor 级数展开，并将灰度差异的平方和最小化，得到一个方程组。通过求解方程组，可以估计光流向量 (u, v) 的值。

LK 光流法的主要优点是计算简单、速度较快。然而，它也存在一些局限性。首先，LK 光流法假设窗口内的像素点亮度保持不变，这在复杂的场景中往往不成立，如存在亮度变化或遮挡的情况。其次，LK 光流法只考虑了局部区域的亮度变化，对于大范围的运动或快速运动的目标，准确性会下降。最后，LK 光流法对噪声敏感，噪声会影响光流的估计结果。

为了克服这些问题，研究者们提出了许多改进的光流估计方法，如金字塔LK 光流法、稠密 LK 光流法等。这些改进方法通过引入多尺度信息、增加约束条件、考虑空间平滑性等，提高了光流估计的精确性和鲁棒性。

二、帧差法

在运动检测技术中最早提出的是帧差法，其算法简单、计算量小、实时性高。在摄像头固定的情况下，拍摄的范围基本是固定的，一般拍摄速度较快，约为 25～30fps。所以相邻两帧的时间间隔很短，为 33～40ms，在这很短的时间内拍摄，场景中环境的影响可以忽略不计。基于这个近似，场景中固定的背景图像像素值可以认为是固定不变的，即从时间轴上看，在这很短的时间内背景像素的像素值是固定不变的。那么，在对相邻两帧的图像对应像素做差运算时，基本可以清除固定不变的背景像素，剩下的即为前景目标图像，帧差法即根据此原理实现的。

（一）帧差法的原理

帧差法是一种基于图像差异的空间运动目标检测方法，其原理是通过比较相邻帧图像的差异来提取前景目标。

在运动检测中，帧差法基于以下关键假设：在短时间内，背景图像的像素值保持不变。意味着在连续的帧图像中，相对静止的背景部分的像素值保持一致。

基于这个假设，帧差法的原理可以概括为以下几点。

1.图像差分

将相邻帧图像的对应像素进行减法运算，得到差分图像。差分图像反映了两帧图像之间的差异，其中包括前景目标的运动。

2.像素值比较

对差分图像中的每个像素进行比较。如果像素的差异超过设定的阈值，即差异大于阈值，则将该像素标记为前景；如果差异小于阈值，则将该像素标记为背景。

3.前景提取

通过阈值化操作，可以将前景目标从差分图像中提取出来。前景部分代表了运动目标的位置和形状。

帧差法的原理依赖于背景稳定性假设，即假设背景图像在短时间内保持不变。通过计算相邻帧之间的差异，帧差法能够准确地提取出前景目标。差分图像中的像素差异越大，表示该像素在两帧之间发生了明显的运动，很可能属于前景目标。通过设定合适的阈值，可以根据差分图像的像素值来判断像素是属于前景还是背景。

帧差法的优点是简单、计算量小、实时性高，适用于对运动目标进行快速检测。然而，由于帧差法只基于相邻帧之间的差异，存在一些限制。例如，当运动物体的位置不完全一致时，会导致检测结果的位置不精确；当运动物体存在部分被遮挡时，被遮挡的部分无法被检测出来；当运动目标速度较快时，检测结果可能会超出实际目标范围。

（二）帧差法运动目标检测流程

帧差法是一种简单而有效的空间运动目标检测方法。

1.读取视频帧

（1）视频帧获取与预处理。从视频源中连续读取两个相邻的帧，第 k 帧和第 $k+1$ 帧。

对每一帧进行必要的预处理，如调整图像大小、灰度化或颜色空间转换等，以便进行后续的图像处理操作。

（2）图像差分。将第 $k+1$ 帧图像的每个像素的灰度值减去第 k 帧图像对应像素的灰度值，得到差分图像。

差分图像反映了两帧之间像素值的变化情况，其中像素值较大的地方可能表示运动目标的存在。

2.图像相减

在帧差法运动目标检测流程中，图像相减是一个重要的步骤，用于捕捉图像序列中发生的运动。

（1）像素级别相减操作。图像相减是通过对第 $k+1$ 帧图像和第 k 帧图像的每个像素进行减法运算来实现的。对于彩色图像，可以分别对每个颜色通道进行像素级别的相减操作，得到对应的差分图像。而对于灰度图像，可以直接将第 $k+1$ 帧图像的像素值减去第 k 帧图像的像素值来生成差分图像。

（2）差分图像的生成。差分图像表示了相邻两帧图像中像素值的差异。差分图像中的像素值可以为正、负或零，其中较大的差异通常对应着运动目标的像素。通过对图像相减的结果进行灰度化处理，可以获得灰度差分图像。

（3）运动目标的表现。在差分图像中，运动目标通常以较明显的亮度变化或颜色变化表现出来。较大的差分值对应着运动目标的像素，可以通过阈值分割将其提取出来。通过设置适当的阈值，可以根据差分值的大小来确定前景（运动目标）和背景（静止区域）。

（4）阈值的选择。阈值的选择对运动目标检测的效果具有重要影响。较小的阈值会使得差分图像中更多的像素被划分为前景，从而增加检测到的运动目标的数量，但也可能引入更多的噪声。相反，较大的阈值会减少前景像素的数量，但可能会导致部分运动目标无法被检测到。选择合适的阈值需要根据具体应用场景和需求进行调整。

通过相减操作，生成差分图像，并通过阈值处理和预处理操作，提取出运动目标的位置信息。然而，帧差法也存在一些限制，如对光照变化、噪声和遮挡等敏感，以及对运动目标速度的限制。因此，在实际应用中，可能需要结合其他技术和方法提高运动目标检测的准确性和鲁棒性。

3. 差分图像二值化

在帧差法运动目标检测流程中，差分图像的二值化是一个关键步骤，通过将差分图像中的像素进行阈值化处理，将大于预设阈值的像素标记为前景（表示运动目标），将小于或等于阈值的像素标记为背景（表示静止部分）。这样可以将差分图像转换为二值图像，进一步提取出运动目标的区域。

首先，从上一步得到的差分图像开始，差分图像的每个像素值表示了相邻两帧图像中像素值的差异。较大的差异通常对应着运动目标的像素。

其次，为了进行二值化处理，我们需要设置一个预设阈值。该阈值的选择直接影响着前景目标的检测结果。较高的阈值会导致只有差异较大的像素被标记为前景，使检测结果中的前景像素较少；而较低的阈值则会将更多的像素标记为前景，可能包括一些噪声或不感兴趣的区域。

再次，对差分图像中的每个像素进行阈值化处理。如果某个像素值大于预设阈值，则将该像素标记为前景（通常为 1），表示它属于运动目标；如果像素值小于或等于阈值，则将该像素标记为背景（通常为 0），表示它属于静止部分。

最后，经过二值化处理后，我们得到了一个二值图像，其中前景像素表示了运动目标的区域，背景像素表示了静止部分。这样的二值图像可以进一步用于后续的运动目标分析和处理，如目标的形状分析、目标的轮廓提取、目标的运动轨迹跟踪等。

总结起来，差分图像的二值化是帧差法运动目标检测流程中的重要步骤。通过设置合适的阈值，我们可以将差分图像转换为二值图像，提取出运动目标的区域，为后续的目标分析和处理提供基础。然而，阈值的选择需要根据具体应用场景和目标检测的要求进行调整，以获得准确的检测结果。此外，差分图像二值化步骤还可以结合其他图像处理技术，如自适应阈值化、形态学操作等，以进一步优化运动目标的提取效果。

4. 前景目标提取

根据二值化后的差分图像，提取出前景目标。可以通过连通区域分析、轮廓提取等方法进行前景目标的检测和定位。

首先，利用连通区域分析方法，将具有相同像素值的像素组成连通区域，得到多个前景目标的区域。其次，可以计算每个连通区域的特征，如面积、周长、中心点坐标等，以描述前景目标的形状、大小和位置信息。再次，通过轮廓提取方法获取前景目标的边界轮廓，用于进一步的形状分析和目标识别。最后，得到的前景目标区域或轮廓信息可以用于目标跟踪、运动分析和行为识别等应用。

在连通区域分析过程中，通常采用基于像素的迭代算法，如连通区域标记算法。该算法遍历二值图像的每个像素，将具有相同标记的像素划分为同一连通区域。通过定义像素的连通性规则，如 8 邻域连通或 4 邻域连通，可以有效地将前景像素组成连通区域。

对于每个连通区域，可以计算其特征值。例如，通过计算连通区域的面积，可以了解前景目标的大小；计算周长可以描述前景目标的边界长度；计算中心点坐标可以确定前景目标的位置。这些特征值可以用于对前景目标进行分类和筛选，如根据面积大小过滤掉过小的区域，只保留较大的运动目标。

轮廓提取是一种基于边缘检测的方法，用于获取前景目标的边界信息。常用的边缘检测算法包括 Canny 算子、Sobel 算子等。这些算法可以识别出图像中的边缘像素，形成目标的边界轮廓。通过对轮廓进行分析和处理，可以获得目标的形状特征，如角点、曲线形状等，用于进一步的目标分析和识别。

帧差法具有实时性高、计算量小的优点，适用于快速运动目标的检测。然而，它也存在一些限制，如前景位置不精确、部分遮挡问题及对快速运动目标的检测结果偏大等。为了克服这些问题，可以采用改进的帧差法或结合其他检测方法来提高检测的准确性和鲁棒性。图 5-2 显示了帧差法的运动目标检测流程，它描述了从视频中提取帧、进行图像相减和阈值化处理，最终得到前景目标的过程。

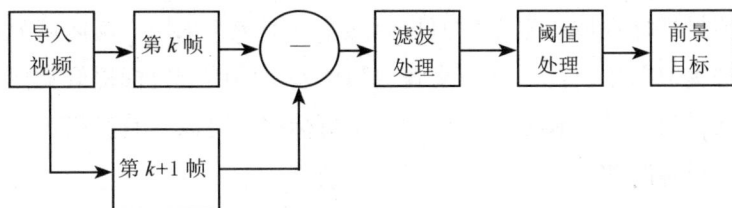

图 5-2　帧间差法运动目标检测流程图

（三）帧差法运动目标检测的方法

改进的帧差法有多帧分法和区域差分法。多帧差分法利用 2 个以上的相邻帧做差运算或利用一次差分结果进行二次差分，利用大多干扰为高斯随机噪声、很难在时间上重复的特点，可以得到更为精确的前景目标。区域差分法不是在像素级别上的差分处理，而是在某一小区域内上做差分运算，利用像素间的空间信息滤除噪声。

1.多帧分法

多帧分法是一种空间运动目标检测的方法，是帧差法的一种改进和扩展。相比于传统的帧差法只使用相邻两帧图像进行运动目标检测的方法，多帧分法利用了更多的连续帧图像，提高了检测的准确性和鲁棒性。

多帧分法的基本思想是通过对多帧图像进行差分运算，将多个差分图像进行综合分析，以确定运动目标的区域。

以下是多帧分法运动目标检测的方法流程。

（1）选择连续的多帧图像。从视频序列中选择一定数量的连续帧图像，如 3 帧、5 帧或更多。这些图像将用于生成多个差分图像。

（2）差分图像计算。对于选定的多帧图像，将其两两相减，得到多个差分图像。可以使用前面提到的帧差法的图像相减步骤，将当前帧图像与前一帧图像进行相减得到差分图像。

（3）多个差分图像综合。将多个差分图像进行综合，可以通过像素级别的加权平均、逻辑运算等方式。这样做的目的是将多个差分图像的信息进行融合，增强运动目标的信号，并减弱背景和噪声的影响。

（4）差分图像二值化。对综合后的差分图像进行二值化处理，将大于预设阈值的像素位置为前景（1），小于或等于阈值的像素位置为背景（0）。这一步骤与帧差法的差分图像二值化类似。

（5）前景目标提取。根据二值化后的差分图像，采用连通区域分析、轮廓提取等方法提取前景目标。这一步骤也与帧差法的前景目标提取类似。

（6）前景目标分析和处理。得到前景目标后，可以对其进行进一步的分析和处理，如目标跟踪、运动分析、行为识别等。

多帧分法通过利用多个差分图像的信息，可以更准确地检测出运动目标，并减少由于背景变化、噪声等因素引起的误检测和漏检测。通过综合多个差分图像，可以增强运动目标的信号，并抑制背景和噪声的影响，提高检测的可靠性和鲁棒性

2.区域差分法

区域差分法是帧差法的一种改进方法，它通过在局部区域内进行差分运算来检测运动目标。

（1）图像分割。需要将输入的连续帧图像进行分割，将图像分成多个局部区域。常用的图像分割方法包括基于阈值的分割、基于边缘的分割、基于区域的分割等。图像分割的目的是将图像分成一些相对独立的区域，为后续的差分运算提供局部区域。

（2）区域差分。对每个局部区域进行帧差运算。在区域差分中，不再是像素级别的相减，而是在每个局部区域内进行差分运算。可以通过计算每个区域的平均灰度值或中心像素值的差异来表示区域内的运动。

（3）差分图像二值化。将区域差分得到的差异值进行阈值化处理，将大于预设阈值的差异值置为前景（1），小于或等于阈值的差异值置为背景（0）。

这样可以得到二值化的区域差分图像，其中前景区域表示运动目标的位置。

（4）前景目标提取。通过连通区域分析或轮廓提取等方法，提取出前景目标。可以基于连通区域的属性，如面积、形状等进行目标的筛选和过滤。对于不符合条件的小区域，可以排除为噪声或错误检测。

（5）运动目标跟踪和分析。得到前景目标后，可以进行目标跟踪和分析。可以使用目标跟踪算法对前景目标进行连续帧之间的追踪，获取目标的轨迹和运动信息。同时，可以通过对目标的形状、大小、速度等特征进行分析，实现对目标的进一步识别和分类。

区域差分法相对于传统的帧差法，能够更好地处理相对运动导致的位置不精确和部分遮挡的问题。通过在局部区域内进行差分运算，可以提高对运动目标的检测精度和鲁棒性。区域差分法在视频监控、行人检测、交通监控等领域具有广泛应用。

三、背景差法

背景差法是目前运动目标检测最为常用的方法，相对于帧差法只将当前帧与前一帧或几帧做像素差运算，背景差法首先根据视频序列中若干帧的信息按照某种方法建立背景模型，然后将当前帧与背景模型做差运算，再对计算结果进行滤波处理、阈值处理，最后得到前景运动目标。使用背景差法进行运动目标的检测，理论上只要能实时地、准确地计算出背景模型，就可以分割出精确的运动目标。但视频监控的实际场景一般较为复杂，如背景中包含摇摆的树枝，运动物体静止融入背景或静止物体转为运动，环境光照的突然变化等。所以背景差法的关键点在于如何在复杂的环境中建立起一个准确的背景模型，并且该模型能实时地适应场景中环境的变化。这两个问题即为背景模型的建立和更新。

（一）静态背景假设

静态背景假设是背景差法的关键概念之一，它假设在大部分场景中，像素值在时间上保持不变，只有运动物体的出现才会引起像素值的变化。下面将详细探讨静态背景假设的原理和相关细节。

首先，静态背景假设基于对自然场景中的运动和静止物体的观察和理解。

在大多数情况下，自然场景中的背景元素（如墙壁、地面、天空等）通常是相对静止的，它们的像素值在时间上保持稳定。相反，运动物体（如行人、车辆等）会引起场景中某些区域的像素值发生变化。

其次，基于静态背景假设，背景差法利用图像序列中的时间维度来检测运动物体。通过建立背景模型并将当前帧与背景模型进行差分运算，背景差法能够捕捉到像素值的变化，识别出前景运动目标。

再次，静态背景假设假定背景的变化是缓慢的或可以忽略不计的。在相对较短的时间间隔内，背景元素的像素值保持相对恒定，所以与背景相比，运动物体引起的像素值变化较大。

最后，通过对差分图像进行阈值化处理，背景差法能够将像素划分为前景和背景。根据静态背景假设，像素值的变化很可能是由运动物体引起的，因此被判定为前景。而保持相对稳定的像素值则被判定为背景。

然而，静态背景假设并不适用于所有场景。一些特殊情况，如动态背景、环境光照的变化及静止物体的运动等，可能违反了静态背景假设。因此，在实际应用中，需要根据具体场景的特点和需求进行适当的调整和改进，以提高背景差法的性能和鲁棒性。

（二）背景模型的建立

背景模型的建立是背景差法中的重要步骤，它用于描述场景中静止背景的统计特征。背景模型的建立涉及选择合适的建模方法和计算背景统计特征的过程。

首先，选择合适的建模方法是建立背景模型的第一步。常见的背景模型建模方法包括简单平均法、中值法和高斯模型等。这些方法根据对背景统计特征的假设及对噪声的处理方式不同，可以选择适合具体场景的方法。

其次，对于简单平均法，背景模型通过计算多个连续帧的像素值的平均值来建立。该方法假设背景像素值的变化较小，通过平均操作可以抵消噪声的影响，得到相对稳定的背景模型。

再次，中值法是另一种常用的背景模型建立方法。它使用多个连续帧的像素值的中值表示背景像素的统计特征。相比于简单平均法，中值法更能抵抗噪声的影响，对异常像素值的影响较小，故在一些复杂场景下表现更好。

最后，高斯模型是一种常用的概率统计方法，用于对背景的建模。它假设背景像素值服从高斯分布，并通过计算多个连续帧像素值的均值和方差来建立高斯模型。高斯模型能够更准确地描述背景像素的统计特征，并且对于噪声和异常值具有较好的鲁棒性。

无论选择哪种建模方法，背景模型的建立都需要考虑场景的特点和需求。通常情况下，建立背景模型需要选择足够数量的连续帧进行统计特征的计算，以获得对背景的准确描述。同时，还需要考虑背景模型的更新策略，以适应场景中背景的变化。

总结而言，背景模型的建立是背景差法中的关键步骤，它通过选择合适的建模方法和计算背景统计特征，反映了场景中静止背景的特征。正确建立和更新背景模型可以提高背景差法的检测性能和鲁棒性。

（三）差分运算

差分图像中较大的差异值通常对应着前景运动目标，因为运动物体引起的像素变化较大，而静止背景像素的变化较小。

差分运算需要将当前帧的图像与背景模型进行逐像素比较。对于灰度图像，可以直接将当前帧图像的每个像素值减去对应位置的背景模型像素值。差分图像中的像素值表示了当前帧图像与背景模型之间的像素值差异。

对于彩色图像，可以将每个颜色通道的像素值分别进行差分运算。这意味着针对每个像素位置，分别计算红、绿、蓝通道的像素值差异。这样可以更全面地捕捉到颜色信息的变化，增强对运动物体的检测能力。

差分图像中的较大差异值通常对应着前景运动目标。因为前景运动物体的像素值变化较大，与静止背景像素相比具有更高的变化程度。通过阈值化操作，可以将差分图像中的像素值转换为二值图像，其中大于阈值的像素被判定为前景，小于或等于阈值的像素被判定为背景。

差分图像的生成为后续的前景目标提取提供了基础。通过差分图像，可以将运动物体与静止背景进行区分，并定位前景目标的位置。差分图像中的较大差异值所对应的像素可以被认为是可能的前景目标，为后续的目标提取算法提供了关键信息。

总结而言，差分运算在背景差法中起着关键的作用，通过比较当前帧图像与背景模型的像素值差异，生成差分图像。差分图像中的较大差异值通常对应着前景运动目标，为后续的前景目标提取提供了基础。通过差分运算，背景差法能够有效地捕捉到运动物体的存在和位置信息，实现对运动目标的检测与定位。

（四）前景目标提取

在背景差法中，前景目标提取是通过对差分图像进行阈值处理来实现的。通过设定一个合适的阈值，可以将差分图像中大于阈值的像素标记为前景，即被认为是运动目标的像素。

阈值的选择是前景目标提取的关键步骤。阈值的大小直接影响着前景目标的检测结果。较低的阈值会导致更多的像素被判定为前景，可能包括噪声和背景细微变化，产生错误检测。较高的阈值则会使得只有像素值变化较大的区域被判定为前景，可能导致漏检测。因此，需要根据具体应用场景和运动目标的特征选择合适的阈值。

阈值处理可以采用简单的二值化方法。对于差分图像中的每个像素，将其与预设的阈值进行比较。大于阈值的像素被标记为前景，即运动目标的像素，而小于或等于阈值的像素被标记为背景。这样，通过二值化处理，将差分图像转换为二值图像，便于后续的前景目标的提取和分割。

阈值的确定可以基于多种方法。常见的方法包括固定阈值、自适应阈值和基于统计特征的阈值。固定阈值是指在整个差分图像上应用一个固定的阈值，适用于背景差分中差异明显的场景。自适应阈值根据图像局部的统计特征动态的调整阈值，可以应对背景变化较大的场景。基于统计特征的阈值方法则根据差分图像的统计分布特性，如均值、方差等，来确定阈值，适用于复杂的背景场景。

通过阈值处理后，差分图像中大于阈值的像素被标记为前景，即被认为是运动目标的像素。这样，通过阈值处理和二值化操作，我们得到了一个二值图像，其中前景目标被明确地提取出来。这为后续的目标跟踪、形状分析和行为识别等任务提供了基础。

通过前景目标提取，我们可以获得运动目标的位置和形状信息，为后续的目标跟踪、形状分析、行为识别等任务奠定基础。然而，需要注意的是，背景差法在处理复杂场景、光照变化等挑战性问题时可能存在一定的局限性，因此在实际应用中可能需要结合其他方法和技术来提高检测的准确性和鲁棒性。

（五）滤波处理

滤波处理在背景差法中是一个重要的步骤，它的主要目的是减少噪声和平滑差分图像，提高前景目标的检测准确性。

滤波处理可以抑制差分图像中的噪声。由于视频采集中可能存在各种类型的噪声，如传感器噪声、压缩噪声或环境干扰等，这些噪声会对差分图像产生干扰，使得前景目标的边界模糊或产生虚假的运动。为了解决这个问题，可以使用滤波器对差分图像进行平滑处理，以抑制噪声的影响。常见的滤波器包括均值滤波器、中值滤波器和高斯滤波器等。这些滤波器通过对图像像素进行局部邻域操作，将每个像素替换为其周围像素的统计特征值，减少噪声的影响。

滤波处理可以平滑差分图像，以提高前景目标的检测准确性。差分图像通常包含前景目标的边缘和轮廓信息，但可能存在边缘断裂、孤立点或小尺寸噪声等问题，这些都可能导致检测结果的不准确性。通过应用滤波器，可以平滑差分图像，使边缘更加连续、减少孤立点，并去除小尺寸的噪声。这样可以提高前景目标的连通性和形状的一致性，从而更精确地提取出运动目标。

滤波处理可以改善前景目标的形态特征。在一些情况下，差分图像可能存在形态特征不明显或细微的运动目标，这会对后续的目标检测和跟踪造成困扰。通过滤波处理，可以在一定程度上增强前景目标的形态特征，使其更易于被检测和定位。例如，使用形态学滤波器可以改变前景目标的形状，消除小的空洞或连接不完整的区域，得到更准确的前景目标。

需要根据具体的应用场景和需求选择适当的滤波方法和参数。不同的滤波方法可能对前景目标的边缘进行不同程度的模糊，所以需要根据实际情况进行权衡和选择。同时，滤波处理也可能引入一定程度的平滑效果，可能会导致一些细小的前景目标被模糊或消失，所以在滤波处理时需要平衡目标的细节保留和噪声抑制的效果。

在选择滤波方法时，可以根据具体的应用场景和需求进行调整。如果场景中的噪声较少且需要较高的前景目标细节保留，可以选择较轻的滤波处理，如高斯滤波器。而对于噪声较多或需要更平滑的目标边缘的情况，可以选择更强的滤波处理，如中值滤波器或形态学滤波器。

需要注意的是，滤波处理不仅仅是简单地应用滤波器进行像素值的操作，还需要考虑滤波器的大小、形状和参数设置等因素。滤波器的大小应该适当选择，以涵盖目标的尺寸范围，避免过度平滑或损失目标细节。此外，滤波器的形状也可以根据目标的形态特征进行选择，如矩形、圆形或椭圆形等。

总结起来，滤波处理在背景差法中起着重要的作用，可以抑制噪声、平滑差分图像，并改善前景目标的形态特征。选择合适的滤波方法和参数是关键，需要根据具体的应用需求进行权衡和调整，以提高检测的准确性和鲁棒性。

（六）阈值处理

阈值处理在背景差法中是提取前景目标的关键步骤。通过设定适当的阈值，可以将差异明显的像素标记为前景，将差异较小的像素标记为背景。

首先，为了确定合适的阈值，需要考虑背景差图像中的像素值分布情况。通常可以通过观察背景差图像的直方图来判断阈值的选择范围。直方图可以反映不同像素值的频次分布情况，所以可以根据直方图的形态确定一个适当的阈值。

其次，根据选择的阈值，对差分图像进行二值化处理。二值化即将图像中的像素值转换为二值（0 或 1）的过程。大于阈值的像素被标记为前景（1），表示为运动目标的像素；小于或等于阈值的像素被标记为背景（0），表示为静止背景的像素。这样就能够将前景目标从背景中分离出来。

再次，阈值的选择对于前景目标的提取至关重要。如果阈值设置得过高，会导致较小的运动目标被误判为背景，造成漏检。如果阈值设置得过低，会导致噪声或细微的背景差异被错误地标记为前景，导致误检。因此，在选择阈值时需要在准确性和鲁棒性之间进行权衡，以达到适当的前景目标提取效果。

最后，通过阈值处理后得到的二值图像就可以得到前景目标的位置信息。可以通过连通区域分析等方法，识别和定位连续的前景像素点，形成前景目标的边界框或轮廓。这样就可以获得运动物体的位置信息，为进一步的目标跟踪、分析和识别提供基础。

总结起来，阈值处理是背景差法中的关键步骤，通过设定适当的阈值，可以将差异明显的像素标记为前景，将差异较小的像素标记为背景，从而实现前景目标的提取。阈值的选择需要考虑图像的像素值分布情况，以及准确性和鲁棒性的平衡。通过阈值处理后，可以获得前景目标的位置信息，为后续的目标分析和处理提供基础。

第二节　灰度图像的背景提取

背景模型的理性情况是场景的前景和背景分明，背景没有任何变化且没有任何运动的物体，然而实际应用中很难得到这样的背景，如外界光线的变化、背景中细微的干扰及设备本身的噪声等都会影响背景模型的建立，所以选取一种适应性强的背景模型十分重要。

一、均值滤波模型

均值滤波背景模型算法是一种用于灰度图像背景提取的方法，思想源于统计学模型。从统计学的角度来看，背景中像素的灰度值可以被视为一种统计结果，即统计序列视频图像中每个像素在相应位置上最可能出现的值。均值滤波背景模型算法通过对一定数量的帧图像进行均值滤波，构建背景模型图像。

（一）创建存储空间

创建存储空间是均值滤波背景模型算法的第一步，它为后续的背景模型建立提供了基础。

1.确定存储空间大小

在开始之前，需要确定存储空间的大小，即可以容纳多少帧图像。这个大小由参数 L 来表示，L 代表了所需存储的帧数。选择合适的 L 值取决于应用的需求和算法的性能要求。一般而言，L 值越大，背景模型的更新速度越慢，能够适应更长时间的变化；而 L 值越小，背景模型的更新速度越快，能够更敏感地检测到运动目标。

2.创建存储空间

根据确定的 L 值，创建一个能够存储 L 帧图像的存储空间。这个存储空间可以是一个数据结构，如数组或队列，用于按照帧的先后顺序保存图像数据。每个元素都表示一帧图像，可以是一个灰度图像或彩色图像。

3.存储帧图像

在实际处理图像序列时，将每一帧图像按照顺序存储到创建的存储空间中。可以通过读取图像文件或者从视频流中获取图像帧来进行存储。确保将图像按照时间先后顺序存储，以便后续的背景模型建立和更新。

通过以上步骤，我们成功创建了一个存储空间，它能够容纳 L 帧图像。这个存储空间将用于后续的均值滤波操作，以建立背景模型图像。

需要注意的是，存储空间的大小 L 需要根据具体应用场景和算法需求来选择。如果应用场景中的背景变化较缓慢，则可以选择较大的 L 值，以便更好地捕捉背景的统计特征；而如果场景中的背景变化较快，可以选择较小的 L 值，以更快地适应背景的变化。此外，存储空间的选择也需要考虑内存的容量和计算资源的限制，确保算法的实时性和可行性。

（二）帧图像均值计算

帧图像均值计算是均值滤波背景模型算法的关键步骤之一，它用于计算每个像素位置在存储空间中 L 帧图像的平均值。

1.遍历像素位置

对于每个像素位置 (x, y)，从存储空间中获取该位置对应的 L 帧图像像素值。

2.初始化求和值

将求和值 sum 初始化为 0。

3.求和操作

对于每个帧图像的像素值，将其加到 sum 上。这可以通过逐帧遍历的方式，将每个帧图像在当前位置的像素值累加到 sum 上。

4.求平均值

将 sum 除以 L 的值，得到该位置像素的平均值。这个平均值可以视为该位置上背景模型图像的像素值。

5.更新背景模型

将计算得到的平均值作为背景模型图像在当前位置的像素值。可以使用相应的数据结构来存储背景模型图像，确保将每个位置的像素值更新为计算得到的平均值。

通过以上步骤，我们完成了对每个像素位置的帧图像均值计算。这样，在存储空间中的 L 帧图像中的每个位置，都得到了对应的平均值，即背景模型图像的像素值。

需要注意的是，帧图像均值计算需要遍历存储空间中的每个像素位置，并进行求和及平均值计算。这个过程可以使用嵌套的循环来实现，以便逐帧、逐位置地进行求和操作。在计算平均值时，除法运算需要确保使用浮点数运算，以保留小数部分，得到精确的平均值。

此外，帧图像均值计算可以在背景模型的建立阶段进行，即在存储空间中的每个像素位置计算得到平均值后，将其作为背景模型图像的初始值。后续的背景模型更新将根据实际情况对这些初始值进行调整和修正，以适应场景中的背景变化。

（三）背景模型图像生成

背景模型图像生成是均值滤波背景提取方法的最后一步，它将每个位置的平均值作为背景模型图像的像素值。

1. 创建背景模型图像

创建一个与待处理图像序列大小相同的图像，作为背景模型图像。

2. 遍历像素位置

对于每个像素位置 (x, y)，获取该位置上的平均值，该平均值是在均值滤波过程中计算得到的。

3. 设置背景模型图像像素值

将计算得到的平均值作为背景模型图像在当前位置的像素值。这样，背景模型图像的每个位置都被赋予了对应的平均值，以反映待处理图像序列中背景的统计特征。

4. 背景模型的统计特征

背景模型图像反映了待处理图像序列中背景的统计特征。由于均值滤波方法基于背景假设，背景模型图像的像素值在相同位置上反映了该位置在图像序列中出现的灰度分布的平均值。因此，背景模型图像可以用于后续的运动目标检测过程，与当前帧图像进行比较，以确定前景运动目标。

需要注意的是，在实际应用中，背景模型图像的生成通常是在初始阶段进行的，即在均值滤波过程中计算得到每个位置的平均值后，将其作为背景模型图像的初始值。随着图像序列的处理和背景的变化，背景模型图像可能会进行更新和调整，以适应场景中背景的变化。

通过背景模型图像的生成，我们得到了一幅反映待处理图像序列中背景统计特征的图像。这个背景模型图像可以用于后续的运动目标检测和分割任务，以提取出前景运动目标并进行进一步的分析和处理。

（四）背景提取

背景提取是灰度图像的背景提取方法中的关键步骤之一，利用均值滤波模型来获取背景信息，并从当前帧图像中提取前景目标。

我们需要建立一个存储空间，可以存储一定数量（记为 L）的帧图像。这个存储空间用于保存待处理图像序列中的 L 帧图像。

接下来，对于每一帧图像，我们将其像素值按照相应位置进行求和，并除以 L 的值，得到该位置像素的平均值。这个平均值可以看作是该位置上背景模型图像的像素值。

通过上述步骤，我们可以得到一幅背景模型图像，它反映了待处理图像序列中背景的统计特征。背景模型图像表示了场景中静止背景的灰度分布情况。

接下来，将背景模型图像与当前帧图像进行相减操作，得到差分图像。差分图像表示了当前帧与背景模型之间的像素值差异。较大的差异值通常对应着前景运动目标，因为前景物体与背景之间的像素值差异较大。

需要注意的是，背景提取方法的准确性和鲁棒性受到多种因素的影响，如背景模型的建立和更新策略、阈值的选择、光照变化等。在实际应用中，需要根据具体的场景和需求，对背景提取方法进行调优和改进，以达到更好的检测效果。

（五）阈值处理

阈值处理是灰度图像的背景提取中的关键步骤之一，它用于将差分图像中的像素分割为前景和背景。下面将详细介绍阈值处理的过程。

根据差分图像的特点，我们需要设定一个适当的阈值。阈值的选择是根据实际场景和需求来确定的，不同的应用可能需要不同的阈值策略。

1.固定阈值法

一种常用的阈值处理方法是固定阈值法。在固定阈值法中，我们选择一个固定的阈值，将差分图像中大于该阈值的像素标记为前景，小于或等于阈值的像素标记为背景。这种方法简单直观，适用于一些简单的场景。

2.自适应阈值法

另一种常用的阈值处理方法是自适应阈值法。自适应阈值法根据图像的局部特性动态的选择阈值。它将图像划分为许多局部区域，对每个区域内的像素计算一个局部阈值，然后根据这个局部阈值将像素标记为前景或背景。自适应阈值法能够适应不同区域的光照变化和噪声情况，提高了背景提取的准确性。

3.其他阈值处理法

除了固定阈值法和自适应阈值法，还有其他一些阈值处理方法，如基于统计学模型的阈值处理和基于梯度的阈值处理等。这些方法根据不同的原理和假设来选择阈值，适用于不同的场景和图像特点。

通过阈值处理，我们可以将差分图像分割为前景和背景，实现了对运动目标的提取。差分图像中大于阈值的像素标记为前景，即被认为是运动目标的像素。这些前景像素对应着运动目标在当前帧图像中的位置，为后续的运动目标跟踪、分析和识别提供了基础。

需要注意的是，阈值的选择对背景提取的效果至关重要。选择过高的阈值可能会导致漏检（将运动目标误认为背景），选择过低的阈值可能会导致误检（将背景误认为运动目标）。因此，在实际应用中，需要根据具体场景和需求，通过实验和调优，选择合适的阈值来达到最佳的背景提取效果。

二、高斯背景模型

高斯背景模型算法思想与均值滤波模型一样，来源于统计学模型，但高斯分布更符合自然界中大多数事物的统计规律。高斯背景模型分为单模型的单高斯模型和多模型的混合高斯模型。算法假设背景中每个像素值都服从高斯分布，开始时采用一定数量的视频图像对背景进行初始化，当背景收敛后，利用此模型对运动目标进行检测。如果对应坐标的像素值与背景模型期望的偏差比较大，则认为是运动目标，否则认为是背景。在基本静止或是只存在较小变化的简单的场景由于背景变化不大，单高斯模型能取得较好的效果。但是在复杂环境下，如树枝摇摆、水纹波浪等情况，背景像素值变化较快，像素值呈现多峰分布，无法用单一的高斯模型表示出来。在所有背景建模的方法之中，混合高斯模型是目前最常用、最成功的方法之一。

（一）单高斯模型

单高斯模型假设背景中的每个像素值都服从高斯分布。在初始化阶段，算法采用一定数量的视频图像对背景进行建模。具体而言，对于每个像素位置，将其在一定时间范围内的像素值进行统计，并计算平均值和方差，作为该位置的背景模型。在后续的运动目标检测中，通过比较当前帧图像中的像素值与背景模型的期望值之间的偏差，来判断该像素是否属于运动目标。如果偏差较大，则认为是运动目标；如果偏差较小，则认为是背景。这种方法适用于基本静止或存在较小变化的简单场景，可以获得较好的效果。

1.初始化阶段

在初始化阶段，需要采集一定数量（记为 N）的视频图像作为训练样本来建立背景模型。这些视频图像应该覆盖一定时间范围内的静止场景，以确保背景模型能够准确地反映背景的统计特征。对于每个像素位置，将其在这 N 帧图像中的像素值进行统计，并计算平均值（ μ ）和方差（ σ^2 ）。这样就得到了每个位置的背景模型参数。

2.运动目标检测

在后续的运动目标检测中，对于每一帧图像，将其与背景模型进行比较，以判断每个像素是否属于运动目标。具体步骤如下。

对于每个像素位置，计算当前帧图像中的像素值与背景模型的期望值之间的偏差（假设为 d ）。

如果 d 大于设定的阈值（记为 T ），则将该像素标记为运动目标；如果 d 小于或等于阈值 T，则将该像素标记为背景。

通过这个阈值的设定，可以控制前景目标的灵敏度和背景提取的准确性。

3.阈值的选择

阈值的选择是单高斯模型中的关键步骤，它直接影响着运动目标检测的准确性。合适的阈值应根据具体场景和应用需求进行调整。如果阈值设置过小，会导致较多的背景被错误地标记为前景，从而产生错误检测；而阈值设置过大，则会导致一些真正的前景被错误地标记为背景，从而产生漏检测。因此，需要在实际应用中根据场景的特点进行合理的阈值选择。

单高斯模型是一种基于高斯分布的灰度图像背景提取方法。它通过对背景像素值进行高斯建模，并计算像素值与期望值之间的偏差来判断像素是否属于运动目标。该方法适用于基本静止或存在较小变化的简单场景，并具有较好的效果。然而，在复杂场景下，如光照变化、多峰背景分布等情况下，单高斯模型可能无法准确建模背景，此时可以考虑使用混合高斯模型来提高背景建模的准确性。

（二）混合高斯模型

混合高斯模型是对复杂场景下的背景进行建模的一种方法。在复杂环境中，背景像素值的变化可能较快，且呈现多峰分布，无法用单一的高斯模型来表示。因此，混合高斯模型采用多个高斯分布来描述背景像素值的变化情况。在初始化阶段，通过对一定数量的视频图像进行聚类或其他统计方法，确定背景像素值的多个高斯分布，并为每个高斯分布分配权重。在后续的运动目标检测中，通过计算当前帧图像中每个像素值与多个高斯分布之间的概率，来判断该像素是否属于背景。如果像素值在某个高斯分布的概率较高，则认为是背景；如果概率较低，则认为是运动目标。混合高斯模型可以适应复杂场景中的背景变化，并具有较好的建模能力和检测准确性。

1.初始化阶段

在初始化阶段，需要从一定数量的视频图像中获取背景信息，并确定背景像素值的多个高斯分布。这可以通过聚类算法（如 K-means）或其他统计方法来实现。通常情况下，通过对图像像素进行采样，将像素值作为特征，使用聚类算法将像素划分为不同的组群，每个组群代表一个高斯分布。

（1）数据采集。需要收集足够数量的视频图像作为背景模型的训练数据。这些图像应该是在没有运动目标存在的情况下捕获的，以确保它们反映了真实的背景场景。

（2）数据预处理。对采集到的图像进行预处理，通常包括将图像转换为灰度图像。灰度图像仅包含像素的亮度信息，便于后续的背景建模。

（3）像素采样。从预处理后的图像中选择一部分像素进行采样。采样的目的是在保持数据代表性的同时减少计算量。可以采用随机采样或者均匀采样的方式，确保采样的像素均匀分布在整个图像中。

（4）特征提取。对采样得到的像素进行特征提取。在混合高斯模型中，常用的特征是像素值本身。将采样的像素值作为特征，可以用来描述背景的灰度分布情况。

（5）聚类算法。使用聚类算法对提取的特征进行处理，将像素值划分为不同的组群。常用的聚类算法包括 K-means 算法、期望最大化（EM）算法等。每个组群代表一个高斯分布，用于建模背景中的像素值。

这个模型将背景像素值建模为多个高斯分布，以反映复杂场景中背景的多样性和动态性。后续在运动目标检测过程中，将使用这个背景模型来判断像素是否属于背景。

2.参数估计

在初始化阶段获得初始的高斯分布后，需要进行参数估计，包括每个高斯分布的均值、方差和权重。这可以通过最大似然估计或期望最大化算法（EM算法）来实现。通过观察像素值在不同高斯分布下的分布情况，可以计算每个高斯分布的权重，即每个分布对背景的贡献程度。

（1）数据准备。需要准备用于参数估计的数据集。这些数据集通常是在初始化阶段采集的背景图像，经过预处理后得到的像素值。

（2）初始化参数。为每个高斯分布设置初始参数。可以使用聚类算法的结果作为初始参数，如将聚类的均值作为高斯分布的初始均值，聚类的方差作为初始方差，以及将聚类的样本数量作为初始权重。

（3）迭代更新。使用期望最大化（EM）算法进行迭代更新。EM算法是一种迭代优化算法，用于估计混合高斯模型的参数。

（4）Expectation（E）步骤。在E步骤中，根据当前的参数估计，计算每个像素值属于每个高斯分布的概率（后验概率）。这可以通过计算每个高斯分布对应的像素值在整个背景模型下的概率，并归一化得到。

（5）Maximization（M）步骤。在M步骤中，根据E步骤的结果，更新每个高斯分布的参数。具体来说，计算每个高斯分布的均值、方差和权重，使得该分布能够最好地拟合观测数据。

（6）收敛判断。在每次迭代后，可以检查参数的变化情况。如果参数的变化小于预设阈值，可以认为模型已经收敛，停止迭代。否则，继续进行 E 步骤和 M 步骤的迭代更新。

（7）参数优化。为了提高模型的性能，可以进行参数优化。一种常用的方法是引入自适应学习率，使得每个高斯分布的参数更新更加平滑。

这样就得到了一组能够更好地描述复杂背景场景的高斯分布，进而在运动目标检测过程中提供更准确的背景模型。

3. 背景更新

随着新的帧图像的输入，背景可能会发生变化，需要对背景模型进行更新。在每次处理新的帧时，通过计算当前帧图像中每个像素值与每个高斯分布之间的概率，来更新背景模型的参数。如果像素值更适合某个高斯分布，则增加该分布的权重，并更新该分布的均值和方差。如果像素值不适合任何高斯分布，则可以添加一个新的高斯分布。

第一，将新的帧图像输入到背景更新模块。

第二，对于每个像素位置，计算其像素值与每个高斯分布之间的概率。这可以通过使用高斯分布的概率密度函数来计算。对于给定的像素值，计算它在每个高斯分布下的概率，并归一化得到每个分布的后验概率。可以使用以下公式计算概率密度函数：

$$P(x|\mu, \sigma) = 1 / [\text{sqrt}(2\pi) \cdot \sigma] \cdot \exp[-(x-\mu)^2 / (2 \cdot \sigma^2)]$$

其中，x 是当前像素值，μ 是高斯分布的均值，σ 是标准差。

第三，根据计算得到的后验概率，判断当前像素值适合哪个高斯分布。如果存在一个高斯分布的后验概率超过预设的阈值，认为该像素值适合该高斯分布，并将其归类为背景。否则，认为该像素值不适合任何已知的高斯分布，可能代表运动目标。

第四，对于适合当前像素值的高斯分布，进行参数的更新。增加该高斯分布的权重，表示该分布对背景的贡献增加。权重的增加可以使用以下公式计算：

$$\omega' = (1-\alpha) \cdot \omega + \alpha$$

其中，ω'是更新后的权重，ω是原始权重，α是学习率。

第五，使用加权平均的方法更新该高斯分布的均值和方差，以更好地适应背景的变化。更新公式如下：

$$\mu' = (1 - \alpha) \cdot \mu + \alpha \cdot x$$

$$\sigma' = \text{sqrt}[(1 - \alpha) \cdot \sigma^2 + \alpha \cdot (x - \mu')^2]$$

其中，μ' 和 σ' 是更新后的均值和标准差，μ 和 σ 是原始的均值和标准差，x 是当前像素值，α是学习率。

如果当前像素值不适合任何已知的高斯分布，可以考虑添加一个新的高斯分布来表示其背景。为了添加新的高斯分布，可以使用未适合的像素值作为初始化参数，并设置较小的权重。随着多次观察到适合该分布的像素值，逐渐增加该高斯分布的权重，使其对背景的贡献增加。可以使用以下公式进行权重的更新：

$$\omega' = (1 - \alpha) \cdot \omega + \alpha \cdot \beta$$

其中，ω'是更新后的权重，ω 是原始权重，α是学习率，β 是新高斯分布的初始权重。

在进行参数优化时，可以对权重进行归一化，以确保所有高斯分布的权重之和为 1。可以使用以下公式进行权重的归一化：

$$\omega' = \omega' / (\sum \omega')$$

第六，可以调整阈值和权重的学习率，以控制模型对背景变化的敏感度。通过调整阈值，可以平衡背景的适应性和运动目标的准确性。较高的阈值将导致更严格的背景更新，而较低的阈值则可能导致更多的误分类。通过调整学习率，可以控制参数更新的速度和稳定性。

第七，不断进行背景更新可以提高模型的鲁棒性，使其适应复杂场景下的运动目标检测任务。随着时间的推移，模型将逐渐学习到背景的统计特征，并能够准确地区分背景和运动目标。

需要注意的是，混合高斯模型的性能和稳定性受到多个因素的影响，如背景的复杂程度、目标的大小和运动速度，以及参数的选择和调整。因此，在实际应用中，需要根据具体场景进行参数的调优和模型的验证，以达到最佳的检测效果。

4. 前景检测

在运动目标检测阶段，将当前帧图像与背景模型进行比较，计算像素值与每个高斯分布之间的概率。如果像素值的概率较低，即与所有高斯分布的概率都较小，则将其标记为前景，表示为运动目标。否则，将其标记为背景。可以通过设定适当的阈值来控制前景的检测精度。

首先，对于每个像素位置，计算其像素值与每个高斯分布之间的概率。可以使用高斯分布的概率密度函数来计算。对于给定的像素值，通过计算它在每个高斯分布下的概率，并归一化得到每个分布的后验概率。

其次，对于每个像素位置，根据概率判断该像素值适合哪个高斯分布。如果存在一个高斯分布的后验概率超过预设阈值，则认为该像素值适合该高斯分布，即被标记为背景。否则，认为该像素值不适合任何高斯分布，即被标记为前景，表示为运动目标。

再次，可以通过设定适当的阈值来控制前景的检测精度。较低的阈值将导致更多的像素被标记为前景，可能包括一些噪声或细小的运动目标；而较高的阈值则可能导致漏检，即一些运动目标被错误地标记为背景。

最后，根据前景检测的结果，可以进行后续的处理，如目标跟踪、形状分析、运动估计等。可以利用前景掩码将运动目标从原始图像中提取出来，进行进一步的目标分析和处理。

需要注意的是，前景检测的准确性和鲁棒性受到多个因素的影响，包括背景模型的建模能力、阈值的选择、光照条件的变化等。在实际应用中，需要根据具体场景进行参数的调优和模型的验证，以达到最佳的前景检测效果。

5. 参数调优

混合高斯模型中的参数包括高斯分布的数量、初始化阶段的帧数、权重的更新速率等。这些参数需要根据具体的应用场景进行调优。常见的方法是使用训练数据集进行参数的训练和优化，以获得最佳的检测效果。

首先，确定高斯分布的数量。这是混合高斯模型中的一个重要参数，它决定了对背景建模的复杂度。较少的高斯分布可能无法很好地捕捉复杂背景的变化，而较多的高斯分布可能导致模型过于复杂，增加了计算开销。一种常用的方法是通过交叉验证或模型选择技术来确定最佳的高斯分布数量。

其次，考虑初始化阶段的帧数。在初始化阶段，需要从一定数量的视频图像中获取背景信息，并确定背景像素值的多个高斯分布。通常情况下，初始帧数越多，背景模型的准确性和稳定性就越好。然而，初始帧数的增加也会增加计算开销。因此，需要在准确性和计算效率之间进行权衡。

再次，权重的更新速率也是一个关键参数。权重表示每个高斯分布对背景的贡献程度，而更新速率决定了权重的变化速度。较快的更新速率会使模型更快地适应背景的变化，但也会增加模型对噪声的敏感性。相反，较慢的更新速率可以提高模型的稳定性，但可能导致模型对背景变化的适应性较差。需要根据具体场景和应用需求来选择适当的更新速率。

最后，进行参数的训练和优化。可以使用训练数据集来对混合高斯模型的参数进行训练和优化。训练数据集应包含各种场景下的背景和运动目标样本。通过观察模型对训练数据集的拟合情况，可以调整参数并评估模型的性能。常见的优化方法包括最大似然估计、期望最大化算法（EM 算法）等。通过反复迭代训练和优化，可以得到最佳的参数设置。

需要注意的是，参数调优是一个迭代的过程，并且需要根据具体应用场景进行定制化。不同场景可能需要不同的参数配置，因此，需要进行实验和验证，以获得最佳的检测效果和性能。同时，随着时间的推移和应用场景的变化，可能需要定期重新进行参数调优，以保持模型的稳定性和准确性。

总体而言，混合高斯模型是一种灰度图像背景提取的有效方法，特别适用于复杂场景下的运动目标检测。它通过多个高斯分布来建模背景的多样性和动态性，从而提高了背景建模的准确性和检测的鲁棒性。

三、非参数背景模型

非参数背景模型是一种基于概率密度估计的方法，用于对图像背景进行建模和提取。相对于参数背景模型，非参数背景模型不对背景的具体分布形式做假设，而是通过对背景采样点的分布进行估计，近似地构建背景的概率密度函数。

（一）采样点选择

采样点是构建非参数背景模型的基础，它们代表了背景图像中的像素值。

在选择采样点时，可以考虑以下几个因素。

1. 背景的时空稳定性

选择的采样点应具有代表性，能够准确地反映背景的特征。背景的时空稳定性是选择采样点的关键，即在一段时间内保持相对稳定的背景像素值。

首先，在非参数背景模型中选择具有时空稳定性的采样点是关键步骤，它能够提高背景模型的准确性和鲁棒性。选择合适的采样点可以确保背景的稳定性，使得背景模型能够更好地适应场景中的变化和干扰。

其次，时域稳定性是选择采样点的重要考虑因素。时域稳定性表示采样点在一段时间内保持相对稳定的背景像素值。通过选择时域上变化较小的像素位置作为采样点，可以保证背景在时间上的连续性和稳定性。这样选择的采样点能够更好地反映背景的平均特征，并减少由于运动目标引起的像素值变化对背景模型的影响。

再次，空域稳定性也是选择采样点的重要考虑因素。空域稳定性表示采样点在空间上相对静止，不受运动目标的干扰。通过选择相对静止的区域作为采样点，可以保证背景在空间上的连续性和稳定性。这样选择的采样点能够更准确地反映背景的空间分布，减少由于运动目标引起的空间变化对背景模型的影响。

最后，在选择采样点时，还可以考虑背景像素值的统计特性。例如，可以选择具有较高频次出现的像素值作为采样点，因为这些像素值更有可能代表背景的普遍特征。通过考虑背景像素值的统计分布，可以进一步提高采样点的代表性和准确性。

通过合理选择采样点，能够准确地反映背景的特征，并降低运动目标和背景变化对背景模型的影响。这样的采样点选择策略能够提高背景模型的准确性和鲁棒性，为后续的空间运动目标检测和跟踪任务提供可靠的背景信息基础。

2. 采样点分布的均匀性

采样点应该在图像中均匀分布，以充分覆盖整个背景区域。这可以通过在图像中随机选择采样点或者在不同区域选择代表性的采样点来实现。

首先，采样点的均匀分布可以确保对整个背景区域进行充分的覆盖。背景区域可能包含不同的纹理、颜色和亮度变化，因此，在选择采样点时，应该考虑到这些变化的空间分布。通过均匀分布的采样点，可以更好地捕捉背景的全局特征，提高背景模型的准确性和稳定性。

其次，随机选择采样点是一种常用的方法来实现采样点分布的均匀性。随机选择可以保证采样点在图像中的位置具有随机性，避免固定模式或规则分布导致的采样点偏差。通过随机选择采样点，可以在图像中获得更多的背景信息，并减少由于采样点分布不均匀引起的背景模型的偏差。

再次，除了随机选择，还可以在不同的区域选择代表性的采样点。这种方法考虑到图像中可能存在的特定区域或目标的重要性，通过选择这些区域的采样点来更加准确地表示背景的特征。例如，对于室外场景，可以选择天空、地面和远处景物等区域作为代表性的采样点，以捕捉不同区域的背景特征。

最后，在选择采样点时，还可以考虑采样点之间的最小距离，以避免过于密集或过于稀疏的采样点分布。过于密集的采样点分布可能导致冗余的信息，而过于稀疏的采样点分布则可能导致采样点未能充分覆盖背景区域。通过调整采样点之间的最小距离，可以在均匀分布和充分覆盖之间取得平衡。

通过随机选择或选择代表性区域的采样点，可以在图像中充分覆盖背景区域，提高背景模型的准确性和稳定性。同时，应考虑采样点之间的最小距离，以确保采样点分布的合理性和有效性。这样的采样点选择策略能够为后续的运动目标检测和跟踪任务提供可靠的背景信息基础。

3.背景区域的覆盖

采样点的选择应该涵盖背景中的各种特征和变化，以确保模型能够适应不同的背景情况。

首先，采样点的选择应该覆盖背景中的各种纹理和结构特征。背景区域可能包含不同的纹理类型，如天空、草地、水面等，以及各种结构特征，如建筑物、树木、道路等。在选择采样点时，应该确保涵盖这些不同类型的纹理和结构，以捕捉背景的多样性。

其次，背景中的颜色和亮度变化也需要被考虑在内。背景在不同的光照条件下可能出现明暗变化，以及不同的颜色分布。选择采样点时，应该包括不同光照条件下的背景区域，以及具有不同颜色分布的区域。这样可以更好地反映背景的变化情况，提高背景模型的适应性。

再次，背景中可能存在的动态元素也应该被考虑。例如，移动的树叶、波动的旗帜等，这些动态元素可能在一段时间内改变它们在图像中的位置或外观。选择采样点时，应该覆盖这些动态元素所涉及的背景区域，以便模型能够对它们进行正确的建模。

最后，背景中的遮挡物和阴影也是需要考虑的因素。遮挡物可能会导致背景的一部分被覆盖，而阴影可能会改变背景的亮度和颜色。在选择采样点时，应该包括被遮挡的区域和受到阴影影响的区域，以便模型能够准确地建模这些影响因素。

采样点的选择应该涵盖背景中的各种特征和变化，以确保模型能够适应不同的背景情况。这包括纹理和结构特征的覆盖、颜色和亮度变化的考虑、动态元素的包含，以及遮挡物和阴影的考虑。通过充分考虑这些因素，可以构建出更准确和稳定的非参数背景模型，为后续的运动目标检测提供可靠的背景信息基础。

通过合理选择采样点，可以获得对背景的代表性采样，并用于后续的概率密度估计。

（二）概率密度估计

一旦确定了采样点，接下来需要通过概率密度估计来近似背景的概率密度函数。常用的非参数概率密度估计方法包括直方图法和核密度估计法。

1. 直方图法

该方法将图像中的像素值划分为一定数量的区间，然后统计每个区间内像素值的出现次数，得到直方图。直方图可以近似表示背景像素值的概率分布，从而用于背景提取和前景检测。在处理新的帧图像时，将像素值与背景直方图进行比较，根据像素值在直方图中的位置来判断其是否为前景。

首先，直方图法是一种常用的非参数概率密度估计方法，用于对图像背景的像素值分布进行建模。该方法将图像中的像素值划分为一定数量的区间，通常是等宽的区间，然后统计每个区间内像素值的出现次数，得到直方图。直方图中的每个区间可以看作对应像素值的频率或概率。

其次，通过直方图，我们可以近似地表示图像背景像素值的概率分布。直方图的形状和峰值位置反映了背景的统计特征。对于静态背景而言，背景像素值的分布通常相对稳定，直方图也会相对固定。因此，在建立背景模型时，可以通过计算多个背景图像的直方图并取平均值来获得更准确的背景概率密度估计。

再次，在处理新的帧图像时，可以将像素值与背景直方图进行比较判断其是否属于前景。具体地，对于给定像素值，可以通过查找其在直方图中的位置获得对应的概率值。如果该概率值较低，则说明该像素值与背景的概率分布不符合，可以将其标记为前景。反之，如果概率值较高，则将其视为背景。

最后，通过直方图法进行背景提取和前景检测时，需要选择合适的直方图参数和阈值实现准确的分割。直方图的区间数量和宽度会影响对概率密度的估计精度，过细或过粗的划分都可能导致误差。选择合适的直方图参数需要根据具体应用场景和图像特点进行调整和优化。此外，阈值的设定也是关键，可以根据实际情况进行调节，以平衡前景的检测精度和漏检率。

通过计算图像的直方图并与背景直方图进行比较，可以将像素值划分为背景或前景。该方法简单有效，适用于静态背景或变化缓慢的场景，但对于动态背景和复杂变化的场景可能存在一定的限制。在实际应用中，需要根据具体情况进行参数调优和阈值选择，以获得更准确和稳定的背景提取效果。

2.核密度估计法

该方法通过在图像中的每个像素位置周围放置核函数，计算每个像素点的核密度估计。核密度估计可以更准确地描述背景的概率密度分布，具有更高的灵活性和适应性。通过将像素值与背景的核密度估计进行比较，可以进行前景检测。

首先，核密度估计是一种常用的非参数概率密度估计方法，用于对图像背景的像素值分布进行建模。该方法在图像中的每个像素位置周围放置一个核函数，如高斯核函数，然后计算每个像素点处的核密度估计。核密度估计反映了背景像素值在该位置附近的概率密度。

其次，核密度估计具有更高的灵活性和适应性，相较于直方图法，它不需要对像素值进行划分，而是在每个像素位置处对其周围的像素值进行考虑。可以更准确地描述背景的概率密度分布，尤其适用于复杂的背景变化情况。

再次，通过核密度估计，我们可以得到每个像素点处的背景概率密度值。

在进行前景检测时，可以将像素值与背景的核密度估计进行比较。如果像素值的概率密度较低，即与背景的核密度估计相比较小，可以将其标记为前景。相反，如果像素值的概率密度较高，则将其视为背景。

最后，核密度估计法在实际应用中需要选择合适的核函数和带宽参数。核函数的选择可以根据实际情况考虑，常见的选择包括高斯核函数、Epanechnikov核函数等。带宽参数决定了核函数的影响范围，过小的带宽可能导致细节丢失，过大的带宽可能导致模糊效果。因此，需要通过交叉验证或其他优化方法选择合适的带宽参数。

通过在图像中的每个像素位置处计算核密度估计，可以更准确地描述背景的概率密度分布，并比较像素值与背景的核密度估计，进行前景检测。该方法具有灵活性和适应性强的优点，适用于各种背景变化情况。在实际应用中，需要合理选择核函数和带宽参数，以获得准确的背景提取结果。

概率密度估计方法的目标是根据采样点的分布逼近背景的真实概率密度函数。通过采样点的直方图或核密度估计，我们可以得到对背景的概率密度函数的近似。这样，在处理新的帧图像时，可以将像素值与背景的概率密度函数进行比较。如果像素值在概率密度函数上的概率较高，则可以将其标记为背景；如果概率较低，则可以将其标记为前景，表示为运动目标。

非参数背景模型的优点在于它不对背景的具体分布形式做假设，可以适应各种复杂的背景场景。它能够处理背景突变、噪声和阴影等情况，提供了更灵活和准确的背景提取方法。然而，非参数背景模型也存在一些挑战。首先，对大量采样点的存储和计算需求较高，需要消耗较多的计算资源。其次，对估计参数的选择和优化也是一个挑战，需要考虑到背景的变化和场景的特点，以获得准确的概率密度函数。

（三）非参数背景模型的优缺点

1.非参数背景模型的优点

非参数背景模型的优点在于灵活性和适应性，可以应对各种复杂的背景变化和目标情况。它不对背景分布形式做任何假设，因此，可以适用于不同类型的图像场景。此外，非参数模型不需要事先对背景进行建模，因此，具有较低的计算复杂度。

首先，非参数背景模型具有较高的灵活性和适应性。它不对背景的概率分布形式做任何假设，而是通过概率密度估计等方法直接对背景进行建模。这使得模型能够适应各种复杂的背景变化和目标情况。无论是背景的颜色、纹理、亮度等特征如何变化，非参数模型都能够对其进行有效的建模和分析。

其次，非参数背景模型可以适用于不同类型的图像场景。由于不对背景分布形式做任何假设，非参数模型在处理自然场景、室内场景、复杂背景等各种情况下都具有较好的适应性。它能够灵活地应对光照变化、阴影、噪声等因素对背景的影响，从而提高运动目标检测的准确性。

最后，非参数背景模型不需要事先对背景进行建模，降低了计算复杂度。相比于参数背景模型，非参数模型无需估计背景的参数，并且不需要事先收集大量的训练数据进行训练。使得非参数模型的计算开销较小，能够实时地对图像进行背景提取和前景检测，适用于实时应用场景。

2.非参数背景模型的缺点

首先，由于非参数模型不对背景分布形式做出假设，需要较多的样本来进行概率密度估计。可能导致对大规模图像数据集的计算资源要求较高，尤其是在处理高分辨率图像或视频时。为了准确估计背景的概率密度，可能需要更多的计算时间和存储空间。

其次，非参数背景模型对于局部目标或小目标的检测可能存在挑战。由于非参数模型对背景进行全局建模，可能难以准确提取局部变化的目标。特别是当目标的尺寸较小或者与背景相似度较高时，非参数模型可能容易产生误检或漏检的情况。

最后，非参数背景模型的参数选择和调优相对复杂。在使用核密度估计或直方图法等方法时，需要合理选择核函数、带宽参数或者直方图的区间数等参数。不同的参数选择可能对结果产生较大影响，需要进行实际测试和调优，以获得最佳的检测效果。涉及参数的选择、采样点的数量和分布、核函数的类型和带宽等方面的调整，需要进行反复实验和评估，并根据具体的应用场景进行调整和优化。

非参数背景模型具有灵活性、适应性和计算效率等优点，能够应对复杂的背景变化和目标情况。然而，它也面临样本需求较多、局部目标检测困难及参数选择和调优的挑战。在实际应用中，需要综合考虑场景特点和实际需求，选择合适的背景提取方法，以获得准确可靠的运动目标检测结果。

四、码本模型

码本模型是一种用于空间运动目标检测的背景提取方法，通过归类统计图像中像素的历史像素值来建立背景模型。这种方法在非参数背景模型的基础上进行了改进，旨在提高算法的时间复杂度和空间复杂度，同时保持较高的准确性。码本模型可以分为模型训练和前景运动目标检测两个阶段。

（一）模型训练阶段

1. 收集图像序列的历史数据

在码本模型的模型训练阶段中，收集图像序列的历史数据是一个关键步骤。这些历史数据包含了连续采集的图像序列中每个像素点在一段时间内的像素值。通过收集这些历史像素值，我们可以建立一个准确的背景模型，用于后续的前景运动目标检测。

首先，连续采集图像序列。为了获取像素点的历史像素值，需要连续采集一段时间内的图像序列。这段时间的长度取决于具体的应用需求，可以是几秒钟到几分钟，甚至更长的时间。

其次，对图像序列进行预处理。在收集的图像序列中，可能存在噪声、运动模糊或其他影响图像质量的因素。因此，在进行历史像素值的提取之前，可以对图像序列进行预处理，如去噪、运动补偿等，以提高后续处理的准确性和稳定性。

再次，提取每个像素点的历史像素值。对于每个像素点，从图像序列中提取其在一段时间内的像素值。可以选择从最早的图像开始，逐渐向后提取像素值，也可以选择固定时间间隔或者其他策略来提取历史像素值。这样就得到了每个像素点在一段时间内的像素值序列。

最后，保存历史像素值。将每个像素点的历史像素值保存下来，可以使用数组、矩阵或其他数据结构来存储。在后续的模型训练阶段，这些历史像素值将用于归类统计和建立背景模型。

通过收集图像序列的历史数据，我们可以获得每个像素点在一段时间内的像素值序列。这些历史像素值将成为后续模型训练阶段的基础数据，用于归类统计和建立背景模型。有效的历史数据收集可以提供准确的背景信息，为后续的前景运动目标检测提供可靠的基础。

2. 进行归类统计

归类统计的目的是将相似的像素值归为同一类别。这样做可以将图像中的像素值按照其特征进行分组，从而形成码本。在设置码本大小时需要平衡准确性和计算效率。

首先，选择合适的归类统计方法。常用的方法包括 k-means 聚类算法和其他的聚类算法。这些方法通过计算像素值之间的相似性来确定它们的归属关系。在使用聚类算法之前，需要确定聚类的数量，即码本的大小。聚类的数量决定了归类的粒度，较小的码本可能会忽略一些细节，而较大的码本则会更准确地描述像素值的分布。

其次，执行归类统计。对于每个像素，将其历史像素值作为输入进行归类统计。根据所选的聚类算法，将像素值归为不同的类别。每个类别都具有一个中心值或代表性像素值，用于表示该类别的特征。

再次，获取类别标签和背景像素的活动范围。对于每个像素，根据归类结果，将其分配一个类别标签。类别标签表示该像素属于哪个类别。此外，通过分析每个类别中像素值的变化情况，可以计算出背景像素的活动范围。活动范围描述了背景像素值在每个类别中的变化范围，可以作为后续前景运动目标检测的参考。

最后，保存码本和相关信息。将每个像素的类别标签和背景像素的活动范围保存下来。这些信息将用于后续的前景检测过程。码本的保存可以采用数据结构（如数组、矩阵）或其他形式，以便在前景检测时快速访问和查询。

通过归类统计，我们可以得到每个像素的类别标签和背景像素的活动范围。这些信息将在后续的前景运动目标检测中发挥重要作用，帮助我们准确地区分前景和背景，实现空间运动目标的检测。

3. 根据归类统计的结果建立背景模型

背景模型可以通过将每个类别中的像素值的统计信息（如均值、方差等）作为背景像素的表示来构建。背景模型将用于后续的前景运动目标检测，通过与当前帧图像进行比较，将不在背景模型范围内的像素判定为前景。

首先，根据归类统计的结果，计算每个类别中像素值的统计信息。常见的统计信息包括均值、方差、最大值、最小值等。这些统计信息反映了每个类别中像素值的分布特征。

其次，使用统计信息构建背景模型。背景模型可以采用不同的形式，如高斯模型、概率分布模型等。一种常见的方法是使用高斯分布来建模背景像素的概率密度分布。对于每个类别，可以使用类别中像素值的均值和方差表示高斯分布的参数。通过将每个类别的高斯分布组合起来，构成背景模型。背景模型可以近似描述背景像素值的概率分布，用于后续的前景运动目标检测。

再次，对于新的帧图像，将像素值与背景模型进行比较。通过计算像素值在背景模型中的概率或距离，可以判断该像素是否属于背景。一种常用的方法是计算像素值与各个类别高斯分布的概率密度值，并根据概率密度值进行判定。如果像素值的概率密度值较高且在背景模型范围内，将其判定为背景；否则，将其判定为前景。

最后，根据前景判定的结果，将前景像素标记出来，用于空间运动目标的检测。可以通过像素标记、二值化或其他方法将前景像素从背景中区分出来，并进行后续的运动目标检测和跟踪。

通过建立背景模型，我们可以根据像素值与模型的比较来判定像素是否为背景。这种基于统计模型的方法能够有效地提取出背景信息，为后续的目标检测提供可靠的背景参考。

通过归类统计得到类别标签和背景像素的活动范围，最后建立背景模型以供后续的前景运动目标检测使用。这样，码本模型可以在灰度图像的背景提取中提供可靠的背景模型，并为目标检测提供准确的背景信息。

（二）前景运动目标检测阶段

在前景运动目标检测阶段，对于新的帧图像，将每个像素的当前像素值与对应码本中的类别标签进行比较。如果像素的当前像素值属于背景像素的活动范围内，则将其判定为背景；否则，将其判定为前景。

1.获取新的帧图像

在前景运动目标检测阶段的码本模型中，我们首先需要获取新的帧图像作为输入。可以是连续的视频帧或者单个静态图像。这些图像将用于检测其中的前景目标。

对于图像中的每个像素，需要执行一系列处理步骤来判断其是否属于前景。

（1）获取像素的当前像素值。从当前帧图像中获取每个像素的灰度值或彩色值作为其当前像素值。代表该像素在当前帧的亮度或颜色信息。

（2）获取该像素的类别标签。通过将当前像素值与码本中的类别进行比较，我们可以确定该像素所属的类别标签。类别标签表示该像素在码本中的类别，即背景模型中学习到的背景像素。

（3）判定前景或背景。利用类别标签以及背景模型中的活动范围，我们可以对每个像素进行前景和背景的判定。如果当前像素值在背景模型中的活动范围内，即属于背景像素的变化范围，那么该像素将被判定为背景。反之，如果像素值不在活动范围内，即超出了背景模型的变化范围，那么该像素将被判定为前景。

（4）标记前景像素。对于被判定为前景的像素，我们可以将其标记或提取出来，形成二值化图像或前景掩码。可以将前景从背景中分离出来，为后续的运动目标检测和跟踪提供准确的输入。标记前景像素可以采用二值化操作，将前景像素设置为白色（或其他明显的颜色），背景像素设置为黑色（或其他背景颜色）。

通过获取新的帧图像，并对每个像素进行处理和判定，可以得到前景像素的标记或提取结果，从而实现空间运动目标的检测。这种方法充分利用了背景模型和码本的信息，能够准确地将前景从背景中分离出来，为后续的目标跟踪和分析提供可靠的基础。

2.运动目标检测

在前景运动目标检测阶段的码本模型中，通过前景像素的标记或二值化图像，我们可以进一步进行运动目标检测和跟踪。这一阶段的目标是识别和追踪图像中的运动目标，以实现对目标的定位、跟踪和分析。

首先，基于轮廓的目标检测是一种常见的方法。它利用前景像素的二值化图像，通过寻找物体的边缘和形状信息检测目标。常见的技术包括 Canny 边缘检测、轮廓提取算法（如 OpenCV 中的 findContours 函数）等。通过检测到的轮廓，我们可以获取目标的位置、形状和大小等信息。

其次，背景减除算法也是一种常用的方法。它基于前景像素的标记或二值化图像，将前景像素与背景像素分离。常见的背景减除算法包括帧差法（利用当前帧与前一帧的差异）、高斯混合模型（将背景建模为多个高斯分布）等。这些算法可以提供准确的前景掩码，以实现对运动目标的检测和分割。

再次，光流估计是一种基于像素的运动目标检测方法。通过分析连续帧之间的像素位移来推断物体的运动方向和速度。常用的光流估计方法包括 Lucas-Kanade 算法、Horn-Schunck 算法等。通过计算光流场，可以检测到像素的运动，并根据运动的方向和大小来判断是否为目标运动。

最后，根据具体的应用需求，可以选择适合的方法来进行运动目标检测和跟踪。这些方法可以单独应用，也可以组合使用，以实现更准确和鲁棒的目标检测结果。如在目标检测阶段使用基于轮廓的方法获取目标位置和形状信息，在跟踪阶段利用背景减除算法或光流估计追踪目标的运动。

通过运动目标检测和跟踪，我们可以获得空间运动目标的位置、形状、运动轨迹等关键信息，为进一步的目标识别、行为分析和应用提供基础。这些信息对于视频监控、智能交通、虚拟现实等领域具有重要意义。

通过码本模型进行前景运动目标检测，我们可以根据像素的当前像素值与背景模型中的活动范围判定像素是否为前景。这种方法不仅考虑像素的类别标签，还考虑像素值的变化范围，从而提高前景检测的准确性和鲁棒性。

第六章　空间运动目标的跟踪技术

第一节　跟踪的概念

一、跟踪的理论

跟踪是指在视频序列中实时追踪目标物体位置、形状和运动状态的技术。其核心目标是在连续帧之间准确地跟踪目标的运动，并提供目标的轨迹和其他相关信息。跟踪技术的基本概念包括目标定位、运动估计、目标更新和数据关联。

（一）目标定位

目标定位的关键是找到目标的边界框或轮廓，以便后续跟踪算法可以准确地追踪目标的运动。

1.目标检测

目标定位可以通过目标检测算法实现。目标检测旨在图像或视频中准确地定位目标物体，并标记出其边界框。常见的目标检测算法包括基于深度学习的方法，如 Faster R-CNN、YOLO 和 SSD。这些算法通过在图像中搜索感兴趣的区域并对其进行分类，实现目标的定位和识别。

2.边缘检测

边缘检测也是一种常用的目标定位方法。边缘检测算法可以通过分析图像中的亮度变化检测目标物体的边缘。常用的边缘检测算法包括 Canny 边缘检测和 Sobel 算子等。通过检测目标物体与背景之间的边缘，可以得到目标的轮廓信息，实现目标的定位。

3. 特征提取

特征提取也是一种常见的目标定位方法。通过提取目标物体的特征，如纹理、颜色、形状等，可以准确地定位目标。特征提取方法包括传统的特征描述符，如 SIFT、SURF 和 HOG，以及基于深度学习的特征提取方法，如卷积神经网络（CNN）。这些方法可以将目标物体与背景进行区分，并提供目标位置的准确信息。

4. 定位目的

目标定位的目的是准确地确定目标物体的边界框或轮廓。这些定位信息将用作跟踪算法的输入，以实现对目标运动的持续追踪。准确的目标定位是跟踪算法成功的基础，因此需要选择适当的定位方法，并结合图像处理和计算机视觉技术来提高定位的准确性和鲁棒性。

目标定位是跟踪技术中的重要环节，旨在准确地确定目标物体在当前帧中的位置。通过目标检测、边缘检测和特征提取等方法，可以实现目标的定位，并为后续的跟踪算法提供准确的输入。准确的目标定位是实现高质量、鲁棒性的目标跟踪的关键所在。

（二）运动估计

运动估计是跟踪的关键步骤，它涉及估计目标物体在连续帧之间的运动。常见的运动估计方法包括光流估计、块匹配算法、特征点匹配等。通过计算目标的像素位移或运动向量，可以推断目标的运动轨迹。

1. 光流估计

光流估计是一种常用的运动估计方法，它基于像素亮度的变化来估计目标物体的运动。光流估计算法假设相邻帧之间的像素亮度保持稳定，通过计算像素在图像中的位移来估计其运动向量。光流估计方法包括基于亮度一致性约束的光流方法、基于相似性的光流方法和基于稠密光流的方法。这些方法可以提供目标物体的像素级运动信息，用于跟踪目标的运动轨迹。

2. 块匹配算法

块匹配算法是一种常见的基于区域的运动估计方法。它将图像划分为小的块或区域，并在相邻帧之间寻找最佳匹配块。通过计算匹配块的位移向量，可以估计目标物体的运动。常用的快匹配算法包括全搜索算法、快速搜索算法和金字塔搜索算法等。块匹配算法适用于具有较大运动的目标，并且可以在计算复杂度和估计精度之间进行权衡。

3. 特征点匹配

特征点匹配是一种基于特征的运动估计方法。它通过提取图像中的关键特征点，并在相邻帧之间进行匹配来估计目标物体的运动。常用的特征点匹配算法包括 SIFT、SURF 和 ORB 等。这些算法可以检测出具有良好鲁棒性的特征点，并通过匹配这些特征点计算目标物体的运动向量。特征点匹配方法适用于目标物体具有明显纹理或独特形状的情况。

4. 运动估计

运动估计是跟踪算法中的关键环节，它提供了目标物体在连续帧之间的运动信息。通过运动估计，可以预测目标的下一个位置，并为后续的跟踪算法提供准确的初始状态。运动估计方法的选择应根据应用场景、目标特性和计算资源来进行权衡。在实际应用中，常常结合多种运动估计方法，以提高估计的准确性和鲁棒性。

（三）目标更新

目标在视频序列中可能会发生形状变化、遮挡或运动模式的改变。为了保持跟踪的准确性，需要对目标模型进行更新。可以通过自适应模型更新、外观建模等方法来实现，以适应目标的变化。

1. 自适应模型

自适应模型更新是一种常用的目标更新方法。它基于目标的运动和外观变化，动态调整跟踪模型的参数或权重，以适应目标的变化。自适应模型更新可以通过在线学习或递归估计的方式进行。在线学习方法使用当前帧的特征与历史帧进行比较，更新模型参数以适应目标的变化。递归估计方法则通过迭代更新目标模型的状态向量，以捕捉目标的运动和外观变化。自适应模型更新能够提供较好的鲁棒性和适应性，但也需要平衡模型的稳定性和灵活性。

2. 外观建模

外观建模也是一种常见的目标更新方法。它通过建立目标的外观模型，包括颜色、纹理和形状等特征，来描述目标的外观变化。外观建模可以采用统计模型或机器学习方法，如卡尔曼滤波、粒子滤波和支持向量机等。这些方法利用目标的外观信息与观测数据进行匹配和更新，以跟踪目标的外观变化。外观建模能够提供较好的鲁棒性和准确性，但对于复杂的目标变化可能存在挑战。

3. 多目标跟踪

多目标跟踪方法也可以用于目标更新。在场景中存在多个目标时，多目标跟踪方法可以通过同时估计和跟踪多个目标，提高对目标的更新能力。多目标跟踪方法可以利用目标之间的相互关系和上下文信息，进行联合估计和更新。这种方法能够有效应对目标的遮挡、分离和交叉等情况，提供更准确的目标更新。

4. 目标更新的关键

目标更新的关键在于根据目标的变化调整跟踪模型。在实际应用中，常常需要综合考虑目标的形状、运动、外观等因素，并选择合适的更新方法。目标更新能够提高跟踪算法的鲁棒性和准确性，从而在复杂的场景中实现稳定的目标跟踪。

因此，在空间运动目标跟踪中，目标更新是一个重要的步骤，它使跟踪算法能够应对目标的变化，并在复杂的场景中实现准确、稳定的目标跟踪。通过不断改进和创新目标更新的方法，可以进一步提高跟踪算法的性能，推动跟踪技术在各种应用领域的广泛应用。

（四）数据关联

在视频序列中可能存在多个相似的目标或其他干扰物体。跟踪技术需要通过关联当前帧中的目标与前一帧中的目标，以正确地匹配目标并排除干扰。常用的关联算法包括最近邻搜索、卡尔曼滤波等。

1. 最近邻搜索

最近邻搜索是一种常用的数据关联算法。它基于目标的位置或特征信息，在当前帧中寻找与前一帧中目标最接近的匹配项。最近邻搜索算法可以通过计算目标之间的距离或相似度来实现。常用的距离度量方法包括欧氏距离、马氏距离等，而相似度量方法可以使用相关系数、相似性度量等。通过最近邻搜索，可以找到当前帧中与前一帧目标最相似的目标，并将其关联起来。

2. 卡尔曼滤波

卡尔曼滤波也是一种常见的数据关联方法。卡尔曼滤波是一种递归滤波算法，可以通过对目标的状态进行估计和预测，实现目标的连续跟踪。在跟踪过程中，卡尔曼滤波根据当前帧的观测数据和前一帧的状态估计，通过状态转移和观测模型进行目标关联。卡尔曼滤波能够有效处理目标的动态变化和噪声干扰，提供稳定的目标跟踪结果。

3. 相关滤波器

相关滤波器也被广泛应用于数据关联中。相关滤波器基于目标的特征信息，在当前帧中通过计算目标与候选区域之间的相关性来进行关联。常用的相关滤波器包括基于快速傅里叶变换的相关滤波器（FFT-CF）、核相关滤波器（KCF）等。这些方法通过计算目标特征的响应图，可以在当前帧中定位和关联目标。

4. 数据关联的目的

数据关联的目的是准确地将当前帧中的目标与前一帧中的目标进行匹配，并排除干扰物体。这样可以实现对目标的持续跟踪，并为后续的目标状态估计和预测提供准确的输入。在实际应用中，根据场景的特点和目标的特征，可以选择合适的数据关联算法，并进行参数调优和优化，以提高跟踪算法的性能。

选择适当的数据关联算法和特征表示方法，以及优化参数和策略，可以提高跟踪算法的准确性和鲁棒性。

二、运动目标跟踪技术综述

运动目标跟踪是一门多学科交叉的技术，涉及图像处理、模式识别、自动控制和人工智能等领域的知识。它是计算机视觉领域的重要课题，旨在在视频序列中实时地找到感兴趣的运动目标并评估其运动轨迹。典型的目标跟踪系统通常包含四个过程：目标初始化、特征模板表示、相似性度量和运动估计、目标定位。然而，目标跟踪面临着目标特征多样性和不稳定性、外部环境的复杂多变性及目标之间的遮挡等难点。解决跟踪问题的关键在于完整地分割目标、有效地表示目标和准确识别目标。

（一）运动目标特征提取

1. 目标特征

运动目标通常具有多个特征，全面了解这些特征对于解决跟踪问题至关重要。常见的运动目标特征包括颜色、纹理、边缘和运动等。

首先，颜色是一种常用的特征，可以通过提取目标区域的颜色信息来区分目标与背景。颜色特征通常基于目标区域的颜色直方图或颜色分布表示。通过比较不同帧之间的颜色特征差异，可以实现对目标的跟踪。

其次，纹理特征描述了目标区域的纹理结构，可以用于识别目标并区分目标与背景。纹理特征可以通过计算目标区域的纹理直方图、灰度共生矩阵等统计量表示。利用纹理特征可以增强目标的区分性和稳定性。

再次，边缘特征能够描述目标区域与背景之间的边界信息。边缘特征常用于目标的形状分析和边界定位。通过边缘检测算法，可以提取目标区域的边缘特征，并通过边缘匹配和连接实现对目标的跟踪。

最后，运动特征是指目标在连续帧之间的运动信息。运动特征可以通过计算目标区域的运动矢量、速度或加速度等表示。利用运动特征可以实现对目标的运动估计和预测，在跟踪过程中更好地适应目标的运动变化。

在选择适当的目标特征时，需要考虑具体场景的特点和跟踪要求。不同场景下的目标可能对不同的特征更加敏感。例如，在足球比赛中，对特定运动员的跟踪可能需要依赖颜色特征和运动特征区分他与其他球员。因此，在跟踪方法的设计中，特征的选择是关键因素之一。

需要注意的是，除了上述基本的视觉目标特征，研究人员还可以采用或设计新的视觉特征更好地实现对目标的跟踪。不同的特征选择和组合可以提供更丰富的目标描述，增强跟踪算法的鲁棒性和准确性。如可以结合深度学习技术，使用卷积神经网络提取高级的语义特征，如目标的形状、姿态、部件等。这些特征能够捕捉目标更细粒度的信息，提供更准确的目标描述，改善跟踪算法在复杂场景下的性能。

通过合理选择和组合不同的目标特征，可以实现对运动目标的有效跟踪。在实际应用中，特征的选择需要根据具体场景和跟踪任务的需求进行调整和优化。同时，随着计算机视觉和深度学习等领域的不断发展，新的目标特征提取方法和技术将不断涌现，为运动目标跟踪提供更多选择和可能性。

2.目标特征提取

目标特征提取是运动目标跟踪中的关键步骤，它用于有效地描述和表示目标，从而实现对目标的准确跟踪。在目标特征提取过程中，主要涉及两个方面，即视觉表征和统计模型。

首先，视觉表征通过选择合适的视觉特征构建对目标的描述。常见的视觉特征包括颜色、纹理、边缘等。这些特征可以通过计算机视觉技术从图像中提取出来，用于区分目标与背景或其他运动目标。视觉特征应具备一定的鲁棒性和区分性，能够在不同场景和条件下准确地表示目标，并具有一定的稳定性，以抵抗光照变化、噪声干扰等因素的影响。选择合适的视觉特征对于提高跟踪算法的准确性和鲁棒性具有重要影响。

其次，统计模型通过建立有效的数学模型，分辨目标并进行目标跟踪。统计模型常使用统计学习方法来构建，可以基于训练数据进行参数估计和模型建立。常见的统计模型包括概率模型、卡尔曼滤波器、粒子滤波器等。这些模型利用先验知识和历史观测数据估计目标的状态和运动轨迹，并预测目标在未来帧中的位置。统计模型的建立有助于提高跟踪算法的鲁棒性和预测能力。

在实际应用中，目标特征的选择需要综合考虑多个因素。其一，特征应该具有显著性和区分性，能够准确地描述目标并与背景或其他目标进行区分。其二，特征应具备计算效率高、实时性强的特点，以满足实时跟踪系统的要求。其三，特征应具备一定的鲁棒性，能够在不同场景和条件下保持稳定的识别和区分能力。在特征的选择过程中，可以结合颜色、纹理、形状等多个特征，并根据具体的应用场景和跟踪任务的需求进行调整和优化。

通过选择适当的视觉特征和建立有效的统计模型，实现对运动目标的准确描述和表示，为后续的跟踪工作奠定基础。在特征提取过程中，需要注意特征的鲁棒性、计算效率和区分能力，并结合具体应用场景进行选择和优化。

（二）跟踪算法框架

1.目标特征模板更新

特征模板的有效性在一定程度上决定了跟踪算法的准确性和鲁棒性。在目标运动过程中，目标可能会发生形变、光照变化和遮挡等情况，所以需要对目标特征模板进行更新，以适应目标的变化。

目标特征模板的更新方法可以分为两类：在线特征选择和实时模板更新。

首先，在线特征选择是一种常用的目标特征模板更新方法。该方法通过比对当前图像中的目标数据与特征模板，决定是否更新模板。具体来说，将当前图像中提取的特征与目标特征模板进行比对，计算它们之间的相似度。如果相似度超过一定阈值，说明当前图像中的目标与特征模板匹配良好，可以选择不进行模板更新；如果相似度低于阈值，说明目标发生了变化，需要更新特征模板。在线特征选择方法能够根据当前图像中目标的表现情况灵活地决定是否更新模板，以适应目标的变化。

其次，实时模板更新是另一种常见的目标特征模板更新方法。该方法在跟踪过程中实时更新目标特征模板，而不进行比对。实时模板更新方法可以通过不断积累目标的特征信息更新模板，以适应目标的变化。例如，可以使用滑动窗口的方式，每次跟踪得到新的目标特征后，将其与历史的特征信息进行融合，得到更新后的特征模板。实时模板更新方法能够快速适应目标的变化，但也容易受到遮挡和目标快速变化等因素的影响。

然而，目标特征模板的更新问题并不简单，存在一些挑战。其一，在目标存在遮挡情况下，快速进行模板更新可能会导致错误的更新，因为无法准确获取目标的特征信息。其二，在目标快速变化的情况下，模板更新较慢可能无法及时适应目标的变化。因此，在实际应用中，需要根据具体的场景和需求选择合适的模板更新策略。

目标特征模板的更新是运动目标跟踪中的重要问题。在线特征选择和实时模板更新是常见的更新方法，它们可以根据目标的表现情况灵活地决定是否更新模板，以适应目标的变化。

2.模板匹配跟踪系统

模板匹配跟踪系统是一种常用的运动目标跟踪算法框架，它基于计算相似性度量确定运动目标在新一帧图像中的位置。

首先，在跟踪算法的初始化阶段，选择感兴趣的运动目标并提取其特征模板。特征模板可以是运动目标的颜色直方图、纹理特征、形状特征等。特征模板的选择应能够表达目标的显著特征，并且对图像的变化具有一定的鲁棒性。

其次，在跟踪过程的每一帧图像中，需要计算目标模板与候选目标区域之间的相似性度量。常用的相似性度量方法包括欧式距离、加权距离、Bhattacharyya系数等。这些方法通过比较特征模板和候选目标区域之间的差异程度，确定它们的相似性程度。相似性度量的结果通常是一个数值，表示候选目标区域与目标模板的相似程度，数值越大表示相似度越高。

再次，根据相似性度量的结果，选择相似度最高的候选目标区域作为当前帧图像中的运动目标位置。这个选择过程可以通过比较相似性度量的数值，选择最大值对应的候选目标区域来实现。选定了新的运动目标位置后，更新特征模板，并在下一帧图像中重复相似性度量和目标位置更新的过程，实现对目标的连续跟踪。

最后，在模板匹配跟踪系统中，相似性度量方法的选择非常重要。不同的相似性度量方法对图像的特征表示和计算方式有不同的要求，因此，需要根据具体应用场景的选择、遮挡处理和实时性要求等关键问题进行调试。

3. 分类学习

运动目标跟踪技术中的分类学习是一种常用的方法，用于将跟踪目标从背景中分割出来。这种方法将跟踪问题视为模式分类问题，通过训练分类器区分目标和背景。

首先，在分类学习方法中，跟踪任务被转化为像素级的分类问题。每个像素被视为一个独立的样本，需要判断它属于目标还是背景。为了进行分类，需要在参考图像中提取每个像素的特征向量。这些特征向量可以包括颜色特征、纹理特征、梯度特征等，用于描述像素的特征属性。

其次，通过使用训练数据集训练分类器，该数据集包含了标注的目标和背景样本。训练过程中，分类器的任务是学习如何将特征向量与目标和背景进行区分。常用的分类器包括支持向量机（SVM）、随机森林（Random Forest）及神经网络等。训练的目标是使分类器能够准确地将像素分配到目标类别或背景类别中。

再次，在新的一帧图像中，使用训练好的分类器对感兴趣的区域进行像素级的分类。通过对区域中的每个像素应用分类器，可以得到一个置信图。置信图中的像素值表示该像素属于目标的概率或置信度。在置信图中，峰值点通常被认为是目标物体移动的位置。

最后，在跟踪过程中，可以采用不同的方法更新分类器，以适应目标的外观变化和环境变化。例如，可以使用在线学习的方法，通过逐帧地更新分类器自适应目标的外观变化。此外，还可以使用自适应学习算法自动调整分类器的参数，以提高跟踪的准确性和鲁棒性。

（三）运动预测

运动预测是空间运动目标跟踪技术中的关键环节，其目的是根据历史轨迹和特征信息，预测目标在未来帧中的位置或运动状态。通过运动预测，可以提前确定目标的位置，引导后续的目标跟踪算法，并提高跟踪的准确性和实时性。

1.目标特征提取

在运动预测之前，需要提取目标的特征信息。这些特征可以包括目标的外观特征（如颜色、纹理）和几何特征（如形状、大小）。通过对目标特征的提取，可以将目标与背景进行区分，并为后续的运动预测提供可靠的输入数据。

2.历史轨迹建模

运动预测依赖于目标在过去几帧中的运动轨迹。通过对目标在时间序列上的位置进行建模，可以得到目标的历史轨迹。常用的轨迹建模方法包括线性模型（如匀速模型）和非线性模型（如加速度模型）。选择适合目标运动模式的轨迹模型对于准确的运动预测至关重要。

3.运动模式学习

在某些情况下，目标的运动模式可能随时间变化。为了更好地预测目标的运动，可以利用机器学习方法对目标的运动模式进行学习。通过训练算法和历史数据，可以获得目标在不同场景下的运动模式，提高运动预测的准确性和鲁棒性。

4.运动预测算法

基于目标的历史轨迹和特征信息，可以使用不同的运动预测算法估计目标在未来帧中的位置或运动状态。常见的算法包括基于模型的方法（如卡尔曼滤波器、粒子滤波器）和基于回归分析的方法（如最小二乘法、支持向量机）。这些算法通过利用历史数据和模型来推断目标的未来运动，从而实现运动预测。

5.预测区域选择

通过利用运动预测结果，可以确定目标可能出现的位置或区域，从而减小跟踪算法的搜索范围。可以采用基于运动模型的方法，根据目标的预测位置和速度确定搜索区域。此外，还可以结合目标的特征信息，如颜色、纹理等，进一步缩小搜索范围，提高跟踪算法的效率和准确性。

6. 预测结果的评估和调整

在进行运动预测后，需要对预测结果进行评估和调整。可以使用各种评估指标衡量预测的准确性，如误差分析、准确率和召回率等。根据评估结果，可以对预测模型进行调整和优化，以提高预测的精度和稳定性。

7. 预测结果的应用

运动预测的结果可以应用于后续的目标跟踪算法中，如目标区域的搜索范围确定、特征提取的区域限定等。通过结合运动预测和目标跟踪算法，可以提高跟踪的准确性和实时性，同时适应目标在复杂动态环境中的运动。

三、跟踪技术的发展脉络

跟踪技术的发展经历了多个阶段，从传统的图像处理和特征提取方法到基于机器学习和深度学习的技术。以下是跟踪技术发展的脉络。

（一）传统图像处理和特征提取方法

在跟踪技术的发展脉络中，传统图像处理和特征提取方法是跟踪技术的早期阶段。这些方法通过对图像进行处理和提取特征实现目标的跟踪。

1. 颜色特征

颜色是目标在图像中的一个重要特征，因此，早期的跟踪方法常常使用颜色特征进行目标的识别和跟踪。其中，最常用的方法是基于颜色直方图的跟踪方法。该方法通过统计目标区域内各个颜色通道的像素分布情况，构建目标的颜色直方图。在跟踪过程中，通过计算目标颜色直方图与当前帧中候选区域的颜色直方图之间的相似度确定目标位置。然而，基于颜色特征的方法容易受到光照变化和背景干扰的影响，对于颜色相似的物体或场景中的目标跟踪效果较差。

2. 纹理特征

纹理是图像中的一种重要特征，能够描述目标的表面细节和结构信息。在跟踪中，纹理特征常用于区分目标与背景及不同目标之间的差异。传统的纹理特征包括灰度共生矩阵（GLCM）、局部二值模式（LBP）等。这些方法通过统计图像中像素间的灰度差异或局部纹理模式，构建纹理特征表示。然而，纹理特征容易受到光照变化和目标姿态变化的影响，对于光滑表面或纹理缺乏的目标跟踪效果较差。

3. 形状特征

形状是目标的另一个重要特征，能够描述目标的几何结构和外形信息。在跟踪中，形状特征常用于目标的边界定位和形状匹配。传统的形状特征包括边缘检测、轮廓描述子等。这些方法通过提取目标边缘或轮廓的几何信息和统计特征，构建形状特征表示。然而，基于形状特征的方法对目标的形变和遮挡敏感，因此，跟踪效果较差。

虽然传统图像处理和特征提取方法存在一些局限性，但它们仍然为后续跟踪技术的发展奠定了基础。后续的跟踪技术结合了机器学习和深度学习的方法，通过学习更高级别的特征表示和模型，取得了更好的跟踪效果。

（二）运动模型方法

为了解决传统方法的局限性，研究者开始引入运动模型进行目标跟踪。运动模型可以描述目标在图像序列中的运动规律。常见的运动模型包括基于物体运动的刚体模型和非刚体模型。这些方法利用目标的运动信息进行预测和跟踪，提高了跟踪的准确性和鲁棒性。

1. 刚体模型

刚体模型假设目标在图像序列中的形状和大小保持不变。这种模型适用于那些在运动过程中保持刚体形状的目标，如车辆、人体等。在刚体模型中，目标的位置和速度是关键的状态变量。基于刚体模型的跟踪算法通常采用预测－测量更新的框架。先根据上一帧的目标位置和速度，使用物体运动的物理规律对目标在当前帧的位置进行预测。再根据预测结果和当前帧的图像信息，通过测量更新校正预测值，得到最终的目标位置。常用的刚体模型包括线性模型和非线性模型，如卡尔曼滤波器和粒子滤波器。

2. 非刚体模型

非刚体模型考虑了目标在图像序列中的形状变化。这种模型适用于那些在运动过程中发生形变、伸缩或扭曲的目标，如人脸、手势等。非刚体模型允许目标的形状在跟踪过程中发生变化，通过对目标形状进行建模和估计实现跟踪。常见的非刚体模型包括活动轮廓模型和变形模型。活动轮廓模型使用一组控制点或节点描述目标的形状，通过调整控制点的位置和形状适应目标的变化。变形模型则利用图像的局部特征描述目标的形变情况，通过估计形变模型的参数实现对目标的跟踪。

运动模型方法在空间运动目标跟踪中发挥着重要作用。通过建立目标的运动模型，可以对目标的位置、形状进行预测和跟踪，从而提高运动模型方法在空间运动目标跟踪中的准确性和鲁棒性。这种方法能够充分利用目标的动态信息，包括运动速度、加速度、形状变化等，从而更好地预测和跟踪目标的位置和形状。

（三）基于机器学习的方法

随着机器学习技术的发展，研究者开始将其应用于目标跟踪领域。基于机器学习的方法通过从大规模标注的训练数据中学习目标的外观模型或运动模型，实现更准确的目标跟踪。常见的机器学习方法包括支持向量机（SVM）、随机森林（Random Forest）和条件随机场（Conditional Random Field）等。这些方法利用学习得到的模型对目标进行分类、定位和跟踪，取得了较好的效果。

1. 支持向量机（Support Vector Machine，SVM）

SVM 是一种常用的机器学习方法，可用于目标跟踪中的分类和定位任务，通过学习一个最优的决策边界，将目标与背景进行区分。SVM 利用训练数据构建一个超平面，使得目标样本和背景样本在超平面两侧得到最大的间隔。通过计算输入样本与超平面之间的距离，可以确定目标的位置和状态。SVM 在目标跟踪中具有较好的鲁棒性和泛化能力，能够处理不同目标形状和外观的变化。

（1）SVM 的原理。SVM 基于统计学习理论和结构风险最小化原则，通过在特征空间中找到一个最优的超平面来进行分类。在二分类问题中，SVM 的目标是找到一个能够将正样本和负样本分开的超平面，使得两类样本之间的间隔最大化。超平面由决策函数决定，该函数可以将输入样本映射到特征空间，并根据其位置判断样本的类别。对于非线性可分的问题，可以通过使用核函数将样本映射到高维特征空间，从而在高维空间中寻找一个线性可分的超平面。

（2）SVM 的训练过程。SVM 的训练过程包括特征提取、样本标注、模型训练和模型评估几个步骤。首先，需要从输入的图像序列中提取相关的特征，如颜色直方图、纹理特征或形状特征等。其次，为了进行监督学习，需要标注一部分图像序列，将目标样本和背景样本进行分类。再次，使用标注的样本训练 SVM 模型，通过优化目标函数，找到一个最优的决策边界。最后，对训练得到的模型进行评估，通常使用交叉验证等方法来评估模型的性能。

（3）SVM 在目标跟踪中的应用。在目标跟踪中，SVM 主要应用于目标的分类和定位。通过学习一个最优的决策边界，SVM 可以将目标与背景进行有效区分。具体应用中，可以利用训练数据构建 SVM 模型，并将该模型应用于新的图像序列中，根据输入样本与决策边界之间的距离，判断目标的位置和状态。SVM 在目标跟踪中具有较好的鲁棒性，能够应对目标形状、外观的变化，同时，SVM 在目标跟踪中还有一些扩展和改进的方法：

多核学习（Multiple Kernel Learning）。SVM 的性能很大程度上依赖于所选择的核函数。多核学习通过学习多个核函数的线性组合，从而获得更好的分类和定位性能。这种方法可以同时考虑多种特征之间的关系，提高目标跟踪的准确性。

主动学习（Active Learning）。传统的 SVM 需要大量标注的训练数据来学习目标的外观模型。主动学习通过选择具有最大信息量的样本进行标注，减少标注数据的需求。可以在有限的标注数据下，提高模型的泛化能力和效果。

在线学习（Online Learning）。目标跟踪是一个动态任务，需要实时地处理新的图像序列。在线学习是一种增量学习的方法，可以在不断接收新数据的同时更新模型，以适应目标的变化。这种方法能够在不中断跟踪过程的情况下，不断改进模型的性能。

结合其他跟踪算法。SVM 可以与其他跟踪算法结合使用，以获得更好的跟踪效果。例如，可以将 SVM 与粒子滤波器结合，利用 SVM 进行目标的分类和定位，而粒子滤波器用于估计目标的运动状态。

2. 随机森林（Random Forest）

随机森林是一种基于决策树的集成学习方法，也常被用于目标跟踪任务。

它由多个决策树组成，每棵树都独立地对目标进行分类和定位。随机森林利用训练数据随机采样生成不同的子训练集，每个子训练集用于构建一棵决策树。最终的目标位置和状态可以由多棵决策树的结果进行集成。随机森林具有较好的抗噪性和鲁棒性，能够有效应对目标外观的变化和背景干扰。

（1）工作原理。随机森林由多个决策树组成，每棵树都独立地对目标进行分类和定位。具体的工作原理如下。

随机采样。从训练数据中进行随机采样，生成不同的子训练集。这样可以使每个决策树拥有不同的训练样本，增加模型的多样性。

特征选择。对于每棵决策树的每个节点，在特征集中进行随机选择，从而增加模型的随机性和泛化能力。

决策树构建。利用随机采样和特征选择的数据，构建每棵决策树。通常采用递归分裂的方式，根据特征和阈值对样本进行分割，直到达到停止条件。

结果集成。将每棵决策树的分类结果进行集成，可以通过投票机制或平均值等方式得到最终的目标位置和状态。

（2）优点。随机森林在目标跟踪中具有以下优点。

抗噪性。随机森林对于数据中的噪声和异常值具有较好的抗干扰素力。由于采用了随机采样和特征选择，每棵决策树都具有独立性，可以互相纠正错误和减少偏差，提高整体模型的鲁棒性。

鲁棒性。随机森林能够处理目标外观的变化和背景干扰。通过使用多棵决策树进行集成，随机森林可以学习到目标的多种外观特征和上下文信息，对不同目标外观和复杂背景进行有效建模。

自适应性。随机森林对于不同类型的目标跟踪场景具有很好的适应性。它可以根据不同的训练数据和特征选择方式进行调整，适应不同的目标特征和环境条件。

（3）适用场景。随机森林在目标跟踪领域可以应用于多种场景，特别是以下情况。

多目标跟踪。随机森林能够处理同时跟踪多个目标的情况。通过集成多个决策树的结果，可以实现对多个目标的分类和定位，实现多目标跟踪任务。

复杂背景和外观变化。随机森林具有较好的鲁棒性，能够适应复杂的背景条件和目标外观的变化。在存在背景干扰或目标外观多样的场景中，随机森林能够学习到不同的特征和上下文信息，提高跟踪的准确性和稳定性。

大规模数据集。随机森林适用于大规模的训练数据集。每棵决策树都可以独立地处理子样本，可以有效地并行处理大量数据，加快模型的训练速度。

实时跟踪。随机森林的计算速度相对较快，适用于实时目标跟踪任务。通过并行处理和高效的集成方法，可以在有限的时间内获得目标的位置和状态估计。

随机森林作为基于决策树的集成学习方法，在目标跟踪中具有很多优势。通过构建多棵决策树并集成它们的结果，能够有效地处理目标外观变化、背景干扰和多目标跟踪等问题。随机森林具有较好的抗噪性、鲁棒性和适应性，在实际应用中表现出色。然而，随机森林也存在一些局限性，如模型可解释性较差、超参数选择的复杂性等。因此，在具体应用中需要综合考虑场景需求和算法特点，选择合适的跟踪技术以获得最佳的效果。

3.条件随机场（Conditional Random Field，CRF）

条件随机场是一种概率图模型，常用于目标跟踪中的序列建模和状态估计。CRF 在目标跟踪领域具有广泛的应用，可以有效地处理目标位置和状态的推断问题。

（1）工作原理。CRF 将目标的位置和状态视为随机变量，并建立它们之间的条件概率关系。具体的工作原理如下。

特征表示。将目标的外观和运动特征表示为一组特征函数。这些特征函数可以包括目标的颜色、纹理、形状等信息，以及目标的位置、速度等运动特征。

条件概率建模。通过定义条件概率分布建立目标的位置和状态之间的关系。CRF 使用一组特征权重和特征函数，将目标的位置和状态条件化于观测数据和上下文信息。

推断和优化。利用训练数据学习特征权重，得到条件概率模型。在推断阶段，通过最大后验概率或条件期望值等方法，对目标的位置和状态进行估计。通常使用图割算法或近似推断方法进行模型的优化和求解。

（2）优点。CRF 在目标跟踪中具有以下优点。

时空一致性。CRF能够捕捉目标在时空上的一致性，考虑目标与上下文的关系。通过建立条件概率模型，可以利用目标的历史状态和上下文信息进行推断，提高跟踪的准确性和鲁棒性。

灵活性。CRF可以使用不同类型的特征函数来建模目标的外观和运动特征。这使CRF具有较高的灵活性，能够适应不同目标的特征和场景需求。

统计建模。CRF是一种概率图模型，能够对目标的位置和状态进行概率建模。这使CRF能够量化不确定性，并提供置信度或后验概率等信息，对跟踪结果进行评估和分析。

（3）适用场景。CRF在目标跟踪领域可以应用于多种场景，特别是以下情况。

序列建模。CRF适用于需要对目标的位置和状态进行序列建模的任务。例如，对于视频中的目标跟踪，CRF可以考虑目标的运动模式和外观变化，建立时间上的一致性模型，实现更准确的跟踪。

多目标跟踪。CRF可以扩展到多个目标的跟踪任务中。通过对每个目标建立独立的CRF模型，并考虑它们之间的相互影响，可以实现多目标的联合跟踪。

复杂场景。CRF可以应对复杂的目标和背景场景，包括目标之间的遮挡、相似外观的干扰、背景复杂等情况。通过建立条件概率模型，CRF能够利用上下文信息进行准确的目标定位和状态估计。

需要精确的定位和状态估计。CRF能够提供对目标位置和状态的概率估计，不仅是单一的位置或状态值。这对于需要精确的目标定位和状态估计的任务来说非常有用，如人体姿态估计、目标行为分析等。

基于机器学习的方法在空间运动目标的跟踪中发挥着重要的作用。支持向量机（SVM）、随机森林（Random Forest）和条件随机场（CRF）等机器学习方法可以通过学习目标的外观模型和运动模型，实现更准确的目标跟踪。SVM通过学习最优的决策边界进行目标分类和定位，随机森林通过集成多个决策树实现目标跟踪，而CRF通过建立条件概率模型考虑目标与上下文的关系进行目标跟踪。这些方法在不同场景和任务中具有一定的优势，可以根据具体需求选择合适的方法来实现精准的目标跟踪。随着机器学习技术的不断发展，相信基于机器学习的目标跟踪方法将进一步提升跟踪的准确性和鲁棒性，推动空间运动目标跟踪技术的发展。

四、跟踪技术的发展现状

空间运动目标的跟踪技术是计算机视觉领域中的重要研究方向之一，旨在从视频序列中连续准确地估计目标的位置和状态。随着技术的不断发展，目标跟踪技术已经取得了显著的进展，但仍然存在一些挑战和问题需要解决。

（一）目标跟踪技术的现状

目标跟踪技术已经广泛应用于视频监控、自动驾驶、虚拟现实等领域。目前，主流的目标跟踪方法可以分为传统的基于特征工程的方法和基于深度学习的方法。

1.基于特征工程的方法

传统的目标跟踪方法主要依赖于手工设计的特征，如颜色、纹理、边缘等。其中，常用的特征包括 Haar-like 特征、方向梯度直方图（Histogram of Oriented Gradients，HOG）特征、局部二值模式（Local Binary Patterns，LBP）等。这些特征通过提取目标的外观信息，并结合机器学习算法进行目标分类和位置估计。常见的分类器包括支持向量机（Support Vector Machine，SVM）、卡尔曼滤波器等。尽管这些方法在一些简单场景下表现良好，但在复杂场景下容易受到光照变化、目标遮挡和背景干扰的影响，导致跟踪结果不稳定。

2.基于深度学习的方法

随着深度学习的兴起，基于深度学习的目标跟踪方法逐渐成为研究的热点。这些方法利用深度神经网络从大规模标注的数据中学习目标的特征表示和运动模式，实现端到端的目标跟踪。常见的深度学习模型包括卷积神经网络（Convolutional Neural Networks，CNN）、循环神经网络（Recurrent Neural Networks，RNN）及其变种。这些方法通过端到端的学习方式，能够从原始数据中自动提取特征，具有较好的表达能力和鲁棒性。目前，一些深度学习模型如 Siamese Network、MDNet、SiamRPN 等已经在目标跟踪领域取得了显著的成果。

（二）目标跟踪技术的主要发展方向

尽管目标跟踪技术已经取得了一定的进展，但仍然存在改进的空间和发展的方向。以下是目标跟踪技术的主要发展方向。

1. 强化学习

强化学习是一种能够通过与环境交互来学习最优决策策略的机器学习方法。在目标跟踪中，强化学习可以用于学习如何在不同场景下选择最佳的跟踪策略。通过与环境的交互，强化学习可以逐步优化目标跟踪算法的性能，提高其在复杂场景下的鲁棒性和准确性。

2. 多模态融合

目标跟踪不仅依赖于目标的外观信息，还需要考虑其他感知模态的辅助信息，如深度信息、语义信息等。多模态融合的目标跟踪方法可以将不同模态的信息进行融合，从而提供更全面、准确的目标表示。通过融合多个感知模态，可以增强目标跟踪算法对于复杂场景和目标外观变化的适应能力。

3. 实时目标跟踪

实时目标跟踪是指在限定时间内实时处理视频序列并输出目标位置和状态的能力。由于目标跟踪需要对每一帧图像进行处理和分析，因此，实时性是目标跟踪中的重要指标。未来的目标是进一步提高目标跟踪算法的实时性能，以满足更多实时应用的需求。

4. 不确定性建模

目标跟踪中存在着各种不确定性因素，如运动模糊、目标遮挡、光照变化等。不确定性建模旨在对这些因素进行建模和处理，以提高目标跟踪算法的鲁棒性和稳定性。通过对不确定性的准确建模，可以更好地处理复杂场景下的目标跟踪问题。

（三）目标跟踪技术面临的挑战和问题

虽然目标跟踪技术取得了许多进展，但仍然面临一些挑战和问题。

1. 目标形变和外观变化

目标在运动过程中可能发生形变和外观变化，如目标的尺寸变化、姿态变化、遮挡等。这些变化给目标跟踪带来了挑战，使得传统的特征提取和模型无法准确捕捉目标的变化。解决这一问题的方法包括引入更多的外观特征、使用形变模型或引入图像生成网络等。

2.复杂场景下的背景干扰

在复杂的场景中，目标往往容易受到背景干扰的影响，导致跟踪结果不准确。背景干扰包括背景复杂、纹理丰富、光照变化等因素。解决这一问题的方法包括利用背景建模和分割技术、使用自适应模型更新策略等。

3.大规模目标跟踪

在一些场景中，需要同时跟踪多个目标，如交通监控、多人行为分析等。大规模目标跟踪面临的挑战包括目标之间的相互遮挡、运动轨迹交叉等。解决这一问题的方法包括引入多目标跟踪算法、考虑目标间的关联性和协作性等。

4.实时性和计算效率

目标跟踪需要在实时性要求下进行处理，尤其是在高帧率视频中。实时性和计算效率是目标跟踪技术的重要指标。解决这一问题的方法包括优化模型结构、引入硬件加速技术、使用轻量级模型等。

5.数据集的多样性和通用性

目标跟踪的性能很大程度上依赖用于训练和评估的数据集。然而，现有的数据集往往缺乏多样性和通用性，无法充分覆盖不同场景和目标的变化。解决这一问题的方法包括构建更大规模、多样化的数据集，以及制定更全面的评估指标。

目标跟踪技术在不断发展和改进中，面临着形变和外观变化、背景干扰、大规模目标跟踪、实时性和计算效率、数据集多样性和通用性等一系列挑战和问题。通过引入新的算法、模型和技术，以解决以上问题，目标跟踪技术将能够在更广泛的场景下实现更准确、鲁棒和高效的目标跟踪。

第二节　基于 Mean Shift 的运动目标跟踪算法

Mean Shift（均值移动）算法作为一种经典的目标跟踪算法，具有简单计算、实时性强及对目标的形状变化和尺度变化不敏感等优点。

一、基于 Mean Shift 的运动目标跟踪算法原理

Mean Shift 算法是基于概率密度函数的估计得一种非参数方法，其基本思想是通过迭代计算当前点的偏移均值，并将该点移动到偏移均值的位置，不断迭代直至满足停止条件。

（一）多维空间下核密度估计理论

基于 Mean Shift 的运动目标跟踪算法中，多维空间下的核密度估计是一个重要的理论基础。该方法用于估计目标特征在特征空间中的概率密度分布，从而确定目标的位置。

在多维空间中，核密度估计的理论基础可以从两个方面进行阐述：核函数的选择和概率密度估计的计算。

首先，核函数的选择对于核密度估计的准确性和效果至关重要。常用的核函数包括高斯核函数、Epanechnikov 核函数、均匀核函数等。其中，高斯核函数是最常用的核函数之一，它在特征空间中形成一个多维高斯分布。高斯核函数对距离较近的样本点赋予较大的权重，而对距离较远的样本点赋予较小的权重。这样可以更准确地描述目标特征在特征空间中的分布情况。

其次，概率密度估计的计算是核密度估计的关键步骤。在多维空间中，概率密度的估计可以通过对每个样本点进行核函数计算并进行加权平均来实现。对于给定的目标特征点，计算与其他样本点之间的距离，并根据距离计算核函数的值。通过给每个样本点赋予相应的权重，可以得到目标特征点的概率密度估计值。这样，就可以得到整个特征空间的概率密度分布。

最后，在 Mean Shift 算法中，多维空间下的核密度估计结果用于确定目标的位置。通过计算目标特征点的梯度向量，即概率密度的梯度方向，可以将目标特征点移动到概率密度峰值的位置，实现目标的跟踪。

（二）密度梯度估计和 Mean Shift 向量

基于 Mean Shift 的运动目标跟踪算法原理涉及密度梯度估计和 Mean Shift 向量的计算。这两个关键概念在算法中起到了重要的作用。

首先，密度梯度是指在特征空间中计算概率密度函数的梯度向量，用于指示概率密度的变化方向。在运动目标跟踪中，密度梯度估计用于确定目标的移

动方向和速度。通过对密度梯度的估计，可以找到概率密度函数最大值所在的位置，即目标的当前位置。常用的方法是通过核密度估计来估计概率密度函数，并利用梯度计算方法求解概率密度函数的梯度向量。梯度向量的方向指示目标的移动方向，而梯度向量的模长则反映了目标的移动速度。

其次，Mean Shift 向量是基于密度梯度估计得到的向量，用于指导搜索窗口的移动。在每次迭代中，根据密度梯度的信息，Mean Shift 向量被计算出来，并用于确定搜索窗口的下一个位置。具体来说，Mean Shift 向量是由密度梯度方向和梯度模长组成的向量。梯度方向指示了搜索窗口的移动方向，而梯度模长则决定了搜索窗口的移动步长。通过计算 Mean Shift 向量，可以将搜索窗口沿着概率密度上升的方向移动，逐步接近目标的位置。

最后，在 Mean Shift 的迭代过程中，密度梯度估计和 Mean Shift 向量的计算是交替进行的。先根据当前搜索窗口内的特征向量计算密度梯度，得到梯度方向和梯度模长。再根据梯度方向和梯度模长计算 Mean Shift 向量，并将搜索窗口移动到新的位置。这个过程不断迭代，直到满足停止条件为止。

密度梯度估计和 Mean Shift 向量的计算过程在多维空间中进行，因此，可以应用于复杂的目标跟踪场景。

二、基于 Mean Shift 的运动目标跟踪算法步骤

（一）初始化

基于 Mean Shift 的运动目标跟踪算法的第一步是初始化。在这一阶段，选择目标区域作为初始搜索窗口，并计算该窗口内的特征向量。常用的特征包括颜色直方图、密度分布等。

首先，需要选择目标区域作为初始搜索窗口。目标区域可以通过用户提供的输入或者目标检测算法来获取。该区域应该包含我们要跟踪的目标，并且尽可能准确地定位目标的位置和大小。

其次，需要在选定的目标区域内计算特征向量。特征向量用于描述目标的特征，通常使用颜色直方图来表示。颜色直方图统计目标区域内不同颜色的分布情况，可以帮助区分目标与背景。计算颜色直方图的方法是将目标区域划分为若干个小区域，然后统计每个区域内的颜色分布情况。

再次，可以选择其他特征来增强目标的描述能力。例如，可以使用密度分布来表示目标的空间分布情况。密度分布是通过将目标区域划分为网格或使用高斯核函数来计算目标在空间上的分布概率。

最后，通过计算目标区域内的特征向量，可以得到用于后续跟踪的初始目标模型。该模型包含了目标的特征信息，可以用于与后续帧中的候选区域进行比较，从而确定目标的位置和大小。

在初始化阶段，正确选择目标区域和准确计算特征向量非常重要。这些决策将直接影响后续跟踪的准确性和鲁棒性。因此，需要在算法实现中仔细考虑选择初始搜索窗口的方法和特征向量的计算方式，以提高跟踪算法的性能。

总结起来，基于 Mean Shift 的运动目标跟踪算法的初始化阶段包括选择目标区域作为初始搜索窗口和计算该窗口内的特征向量。通过合理选择和计算，可以建立初始的目标模型，为后续的迭代跟踪提供基础。

（二）目标模型更新

在当前搜索窗口内计算特征向量，并与初始目标模型进行比较，计算目标模型的更新权重。可以通过比较当前特征向量与初始目标模型的相似度来实现，通常采用某种距离度量方法，如直方图相似性、卡方距离等。

首先，需要在当前搜索窗口内计算特征向量。特征向量是用来描述目标的特征信息的向量表示，常用的特征包括颜色、纹理、形状等。在 Mean Shift 算法中，常用的特征是颜色特征。通过在搜索窗口内对目标区域进行采样，可以获取当前帧中目标的颜色信息。

其次，将当前特征向量与初始目标模型进行比较，以评估它们之间的相似度或差异度。可以通过某种距离度量方法来实现，常用的方法包括直方图相似性、卡方距离等。通过比较，可以得到当前特征向量与目标模型之间的相对关系，判断当前帧中是否存在目标，并量化目标的变化情况。

再次，根据当前特征向量与目标模型的比较结果，可以计算目标模型的更新权重。更新权重反映了当前特征向量对目标模型的重要程度。如果当前特征向量与目标模型相似度较高，说明目标仍然存在，并且目标模型可以进行适当的调整。相反，如果当前特征向量与目标模型差异较大，说明目标可能发生了变化或丢失，需要采取相应措施来更新目标模型。

最后，通过更新权重，可以调整目标模型，使其更好地适应当前帧的目标特征。常见的更新方法是加权平均或加权累积，其中权重由更新权重确定。通过更新目标模型，可以确保在后续的跟踪过程中，目标模型能够更准确地表示目标的特征，从而提高跟踪的准确性和稳定性。

总结而言，基于 Mean Shift 的运动目标跟踪算法的目标模型更新阶段包括计算当前搜索窗口内的特征向量，与初始目标模型进行比较，计算目标模型的更新权重，并通过权重调整目标模型。这一步骤通过评估当前特征与初始模型之间的相似度，以及根据相似度计算更新权重，实现目标模型的动态调整。

（三）寻找偏移均值

根据当前搜索窗口内的特征向量与目标模型的匹配程度，计算出目标模型的梯度向量，确定搜索方向。一种常用的方法是基于梯度下降的思想，通过计算特征向量的梯度向量来确定搜索方向，即向梯度方向移动。

首先，根据当前搜索窗口内的特征向量与目标模型的匹配程度，计算出目标模型的梯度向量。梯度向量表示目标模型在当前搜索窗口中的最大变化方向，可以帮助确定搜索方向。常见的计算方法是通过比较特征向量和目标模型之间的差异，将差异值映射到梯度向量空间。

其次，确定搜索方向。梯度向量的方向表示目标模型的最大变化方向，因此，可以将搜索方向设定为梯度向量的反方向，即朝着目标模型变化最大的方向进行搜索。这样，搜索窗口将沿着梯度方向移动，逐步接近目标的准确位置。

再次，通过梯度向量确定搜索步长。搜索步长决定了搜索窗口每次迭代移动的距离。一种常见的策略是将搜索步长设定为梯度向量的模长，即移动的距离与梯度的大小成正比。这样可以保证搜索窗口能够快速接近目标位置，并且在接近目标时逐渐减小移动距离，增加算法的精确性。

最后，将搜索窗口沿着确定的搜索方向移动到偏移均值的位置。这可以通过调整搜索窗口的位置和大小来实现，使搜索窗口中心移动到偏移均值的位置。同时，还需要更新搜索窗口内的特征向量，以便在下一次迭代中进行目标模型的更新和寻找偏移均值的过程。算法的简单计算和实时性强的特点，使得它在许多实际应用中得到广泛使用。

（四）移动搜索窗口

将搜索窗口沿着梯度方向移动到偏移均值的位置，并更新搜索窗口内的特征向量。在移动窗口过程中，可以采用不同的策略，如固定步长的移动或根据梯度大小进行自适应调整。

首先，确定移动方向。在寻找偏移均值阶段，我们已经计算出了目标模型的梯度向量，它表示目标模型变化最大的方向。移动方向被设定为梯度向量的反方向，即沿着梯度的反方向进行移动。这样可以确保搜索窗口朝着目标模型变化最大的方向移动，逐步接近目标的准确位置。

其次，确定移动步长。移动步长决定了搜索窗口每次迭代移动的距离。一种常用的策略是固定步长的移动，即在每次迭代中将搜索窗口沿着移动方向移动一个预先设定的固定距离。这种策略简单直接，但可能导致搜索窗口在接近目标时移动过快，影响跟踪的准确性。

另一种策略是根据梯度大小进行自适应调整。梯度向量的模长表示了目标模型的变化程度，较大的模长意味着目标发生了较大的变化，则可以使用较大的步长进行移动。相反，较小的梯度模长表示目标的变化较小，需要使用较小的步长进行移动，以增加算法的精确性。因此，可以根据梯度大小动态调整移动步长，使得搜索窗口在接近目标时逐渐减小移动距离。

最后，移动搜索窗口并更新特征向量。根据确定的移动方向和步长，将搜索窗口沿着梯度方向移动到偏移均值的位置。移动后，需要重新计算搜索窗口内的特征向量，以便在下一次迭代中进行目标模型的更新和寻找偏移均值的过程。特征向量的更新可以通过计算移动后的搜索窗口内的特征分布来实现，如计算更新后的颜色直方图或密度分布。

需要注意的是，移动搜索窗口的过程可能会遇到一些问题，如搜索窗口可能会陷入局部极值点或者与背景相似的干扰物体。为了增强算法的鲁棒性，可以采用一些技巧来应对这些问题。例如，可以引入窗口大小自适应的机制，根据目标模型的变化情况调整搜索窗口的大小，以适应目标的尺度变化。此外，还可以结合其他特征，如纹理、形状等，进行多特征融合的目标跟踪，提高算法的鲁棒性和准确性。

总结起来，基于 Mean Shift 的运动目标跟踪算法通过移动搜索窗口到偏移均值的位置，并更新搜索窗口内的特征向量，实现对运动目标的跟踪。移动过程中可以采用固定步长或根据梯度大小进行自适应调整的策略。通过不断迭代，算法可以逐步接近目标的准确位置，实现对目标的稳定跟踪。然而，算法在应对局部极值和干扰物体方面仍然存在挑战，需要进一步的改进和优化。

（五）判断停止条件

根据预设的停止条件，判断是否继续迭代。常见的停止条件可以是迭代次数达到上限或目标的位置变化小于某个阈值。如果满足停止条件，则跳出迭代循环；否则返回第3步继续迭代。

首先，迭代次数达到上限。在算法开始之前，可以预设一个最大的迭代次数。在每次迭代中，检查当前迭代次数是否达到了预设的上限。如果达到了上限，则停止迭代，算法结束。

其次，目标的位置变化小于阈值。通过监测目标在每次迭代中的位置变化，可以判断目标的移动趋势是否趋于稳定。可以通过计算目标位置之间的欧氏距离或其他距离度量来实现。在每次迭代中，计算当前目标位置与上一次迭代的目标位置之间的距离，并与预设的阈值进行比较。如果距离小于阈值，则认为目标的位置变化足够小，算法收敛，停止迭代。

再次，目标模型的更新权重小于阈值。在目标模型更新的过程中，可以计算当前目标模型的更新权重，并与预设的阈值进行比较。更新权重反映了当前搜索窗口内特征向量与初始目标模型的相似度。如果更新权重小于阈值，说明当前目标模型已经收敛到一个稳定状态，算法可以停止迭代。

最后，多个停止条件的组合。为了增强算法的鲁棒性，可以综合考虑多个停止条件。例如，设置迭代次数上限和目标位置变化阈值的组合条件，只有当两个条件都满足时，才停止迭代。这样可以提高算法的准确性和鲁棒性。

需要注意的是，停止条件的选择应根据具体的应用场景和需求进行调整。较大的迭代次数上限可以增加算法的鲁棒性，但也会增加计算时间。较小的目标位置变化阈值可以提高算法的精度，但可能导致算法过于敏感，难以适应目标的变化。因此，合理选择停止条件是算法优化和应用的重要方面之一。

三、算法在目标跟踪中的应用

基于 Mean Shift 的运动目标跟踪算法在实际应用中得到了广泛的应用，具体包括以下方面。

（一）实时目标跟踪

由于 Mean Shift 算法的计算简单且实时性强，因此，它在实时目标跟踪任务中得到了广泛应用。通过不断迭代计算目标的偏移均值，可以准确地跟踪目标的位置和尺度变化。

首先，Mean Shift 算法在实时目标跟踪中的应用非常广泛，主要得益于其计算简单且实时性强的特点。下面将详细介绍算法在实时目标跟踪任务中的应用，包括算法的优势和适用场景。

在实时目标跟踪中，需要通过初始帧或用户标记来确定目标的初始位置和尺度。然后，Mean Shift 算法开始迭代计算目标的偏移均值，以准确地跟踪目标的位置和尺度变化。这一过程中，算法主要依赖于密度梯度估计和 Mean Shift 向量的计算，以指导搜索窗口的移动。

密度梯度估计和 Mean Shift 向量的计算使用了核密度估计的方法，通过对特征空间中的样本进行加权求和，得到目标位置的概率密度估计值和梯度向量。使得 Mean Shift 算法能够在复杂的背景和目标变化的情况下，仍然能够准确地跟踪目标。

其次，Mean Shift 算法在实时目标跟踪中的一个重要优势是实时性。由于算法计算简单且迭代次数较少，能够以较快的速度进行目标跟踪，适用于实时应用场景。相较于其他复杂的目标跟踪算法，Mean Shift 算法具有较低的计算复杂度和较高的实时性，使其成为实际应用中的首选算法之一。

再次，Mean Shift 算法在应对目标尺度变化方面表现出色。在目标跟踪过程中，目标的尺度变化可能是一个挑战。然而，Mean Shift 算法通过自适应调整搜索窗口的大小和形状，能够适应目标的尺度变化，实现准确的目标跟踪。这种自适应性使得 Mean Shift 算法在具有尺度变化的实时目标跟踪任务中表现出优秀的性能。

最后，Mean Shift 算法适用于各种实时目标跟踪场景。无论是静态摄像头下的目标跟踪，还是移动摄像平台下的目标跟踪，Mean Shift 算法都能够提供准确且实时的跟踪结果。此外，Mean Shift 算法还适用于多种目标类型，包括运动目标、人体、车辆等。通过合适的特征表示和参数设置，Mean Shift 算法可以适应不同类型的目标，并在不同的环境中实现准确地跟踪。

基于 Mean Shift 的实时目标跟踪算法，通过简单而高效的计算方式，能够在实时应用中准确地跟踪目标的位置和尺度变化，适应不同场景和目标类型的需求。这使它成为实际应用中的重要算法之一。

（二）目标分割

Mean Shift 算法可以根据目标的颜色信息，将目标从背景中分割出来。通过计算目标区域内的颜色直方图，并利用梯度向量确定搜索方向，可以精确地定位目标的边界。

首先，Mean Shift 算法在目标分割中的应用是通过根据目标的颜色信息将其从背景中分割出来。该算法利用颜色直方图表示目标的颜色特征，并通过计算颜色直方图的梯度向量确定搜索方向，从而精确地定位目标的边界。

在目标分割中，先需要选择一个初始的搜索窗口，通常以目标的位置为中心，并确定搜索窗口的大小。再搜索窗口内计算颜色直方图，将其作为目标的特征向量。

其次，利用梯度向量计算目标模型的更新权重。通过比较当前搜索窗口内的特征向量与初始目标模型的相似度，可以计算目标模型的更新权重。常用的相似度量方法包括直方图相似性、卡方距离等。

再次，根据计算得到的目标模型的梯度向量确定搜索方向。梯度向量指示了特征空间中目标密度变化最大的方向，因此，可以通过向梯度方向移动搜索窗口找到目标的边界。这一过程可以采用梯度下降的思想，沿着梯度方向迭代更新搜索窗口的位置。

最后，通过不断迭代计算目标的偏移均值，可以逐步精确地定位目标的边界。在每次迭代中，将搜索窗口沿着梯度方向移动到偏移均值的位置，并更新搜索窗口内的特征向量。通过多次迭代，可以得到目标分割的最终结果。

总结起来，基于 Mean Shift 的运动目标跟踪算法在目标分割中的应用主要是通过计算目标区域内的颜色直方图，并利用梯度向量确定搜索方向，实现目标的精确分割。这种方法能够有效地将目标从复杂的背景中分离出来，具有广泛的应用前景，如视频监控、智能交通等领域。

（三）视频处理

基于 Mean Shift 的运动目标跟踪算法在视频处理中有着重要的应用。通过连续帧之间的目标跟踪，实现对视频中目标的运动轨迹分析、目标的识别和跟踪等任务。

首先，Mean Shift 算法在视频处理中的应用主要是实现对目标的运动轨迹分析。通过在连续帧之间进行目标跟踪，获得目标在视频中的位置变化信息，得到目标的运动轨迹。这对于视频分析、行为识别等任务非常有用，可以帮助理解目标的行为模式和运动规律。

其次，Mean Shift 算法在视频处理中还可以用于目标的识别和跟踪。通过在视频序列中定位并跟踪目标，可以实现对目标的实时识别和跟踪。这对于视频监控、视频内容分析等领域非常重要，可以提供对目标的实时监测和追踪能力。

再次，Mean Shift 算法在视频处理中具有较强的适应性和鲁棒性。由于视频中的目标可能面临光照变化、视角变化、部分遮挡等情况，而 Mean Shift 算法通过对目标的颜色特征进行建模，能够在这些复杂的情况下仍然准确地跟踪目标。这使得 Mean Shift 算法成为处理实际视频数据的有效工具。

最后，Mean Shift 算法在视频处理中还可以结合其他技术进行更高级的任务。如可以与目标检测算法相结合，实现对视频中多个目标的自动识别和跟踪；也可以与运动估计算法相结合，实现对目标的运动速度和方向的估计。这样的组合应用可以进一步提升视频处理的能力，满足更复杂的应用需求。

基于 Mean Shift 的运动目标跟踪算法在视频处理中的应用具有重要意义。它可以实现目标的运动轨迹分析、目标的识别和跟踪等任务，具有较强的适应性和鲁棒性。在实际应用中，Mean Shift 算法可以与其他技术相结合，进一步提升视频处理的能力，为视频分析、视频监控等领域提供有力支持。

（四）目标识别

利用 Mean Shift 算法对目标进行跟踪，可以实时识别目标。通过对目标区域内的颜色特征进行建模和更新，可以准确地识别目标并跟踪其位置和尺度的变化。

　　首先，Mean Shift 算法在目标识别中的应用主要是通过对目标区域内的颜色特征进行建模和更新，从而实现目标的实时识别。在初始帧或用户标记中确定目标的初始位置后，算法通过计算目标区域内的颜色直方图来建立目标模型。这个目标模型可以作为目标的特征表示，在后续帧中用于识别目标。

　　其次，随着视频的播放，Mean Shift 算法通过不断迭代计算目标的偏移均值，以准确地跟踪目标的位置和尺度变化。在每次迭代中，通过计算当前搜索窗口内的特征向量与目标模型的相似度，可以更新目标模型，使其能够适应目标的颜色变化和形状变化。这样，算法能够实时地识别目标，并在视频中进行跟踪。

　　再次，Mean Shift 算法在目标识别中具有较强的鲁棒性。由于算法基于颜色特征进行建模，对于目标的光照变化和部分遮挡具有一定的容忍度。即使目标的颜色在不同光照条件下发生变化，算法仍然可以通过更新目标模型来适应这些变化，实现准确的目标识别。

　　最后，Mean Shift 算法在目标识别中适用于各种类型的目标，包括静态目标和运动目标。无论是在静止摄像头下的目标识别，还是在移动摄像平台下的目标识别，Mean Shift 算法都能够提供准确的目标识别结果。此外，由于Mean Shift 算法的实时性较高，因此，在需要实时目标识别的场景下也具有重要的应用价值。

　　算法具有较强的鲁棒性和实时性，适用于各种类型的目标和实时目标识别场景。这使 Mean Shift 算法成为目标识别领域中重要的算法之一。

　　基于 Mean Shift 的运动目标跟踪算法是一种简单且实时性强的跟踪方法，对目标的形状变化和尺度变化不敏感。它通过迭代计算当前点的偏移均值，将目标区域移动到偏移均值的位置，实现对目标的跟踪和分割。在实际应用中，该算法在目标跟踪、目标分割、视频处理和目标识别等领域发挥着重要的作用。

第三节　基于形心法的目标跟踪算法

一、基本理论

基于形心法的目标跟踪算法是一种基于 Mean Shift 的变体算法，用于实现对目标的运动跟踪。该算法主要通过计算目标区域的形心位置来确定目标的位置和尺度变化。在该算法中，目标的形心位置是关键的特征，用于表示目标的位置信息。

（一）全局阈值化

全局阈值化是一种简单而常用的阈值确定边界的方法，适用于背景灰度在图像中某一区域可近似看作恒定且物体与背景具有几乎相同对比度的情况。该方法将图像中的灰度阈值设置为常数，通过对比像素灰度值与阈值的大小关系确定目标的边界。

1.图像灰度化

将彩色图像转换为灰度图像，使得每个像素仅包含一个灰度值，简化后续处理。

2.阈值选择

在全局阈值化方法中，需要选择一个合适的阈值来将目标与背景分割开。阈值的选择对于目标的分割效果至关重要，可以根据图像特点、目标与背景的对比度等进行调整。常见的选择方法包括手动设定、基于直方图的自适应方法等。

3.阈值分割

将选定的阈值应用于整个图像，将像素的灰度值与阈值进行比较。若像素的灰度值大于阈值，则该像素被归类为目标；若灰度值小于或等于阈值，则被归类为背景。这样就可以将目标与背景分割开来，形成二值图像。

4.后处理

在目标分割完成后，可以对结果进行一些后处理操作，如去除噪声、填充目标内部空洞等，以提高目标分割的准确性和完整性。

全局阈值化方法的优点在于简单易用、计算效率高，适用于对比度明显的图像。然而，由于该方法采用固定阈值，因此，在图像中存在灰度变化较大的区域时可能导致分割不准确的问题。此外，当图像中存在多个目标或目标与背景的对比度较低时，全局阈值化方法的效果可能较差。

总的来说，全局阈值化是一种简单有效的目标分割方法，对于具有明显对比度的图像，能够快速、准确地将目标与背景分离。然而，对于复杂场景和灰度变化较大的图像，可能需要采用其他更加灵活的阈值分割方法来提高分割的准确性。

（二）自适应阈值

通常情况，背景的灰度并不是恒定的，在图像中物体与背景的对比度是不断变化的。在这种情况下，在图像中某一区域处理效果很好的阈值在其他区域处理效果却可能很差。可把阈值取为一个随图像中位置缓慢变化的函数，自适应阈值的二值化处理可以很好地处理这个问题。

1.图像灰度化

将彩色图像转换为灰度图像，以简化后续处理步骤。

2.阈值选择

在自适应阈值化方法中，阈值不再是一个常数，而是一个随图像中位置缓慢变化的函数。常见的自适应阈值选择方法包括局部平均法、局部高斯法等。

3.局部平均法

将图像分割为多个重叠的小区域，对每个区域内的像素灰度值求平均，得到对应的局部阈值。

4.局部高斯法

与局部平均法类似，但是使用的是局部区域内的像素灰度值的高斯加权平均来计算局部阈值。高斯加权使得靠近中心像素的灰度值对阈值的贡献更大，更加准确地适应图像的灰度变化。

5.阈值分割

将计算得到的局部阈值应用于图像中对应的局部区域，根据像素的灰度值与局部阈值的大小关系，进行像素分类。一般情况下，灰度值大于局部阈值的像素被归类为目标，灰度值小于或等于局部阈值的像素被归类为背景，实现目标的分割。

6. 后处理

与全局阈值化方法类似，自适应阈值化方法也可以对分割结果进行后处理操作，如去除噪声、填充目标内部空洞等，以进一步提高分割的准确性和完整性。

自适应阈值化方法的优点在于能够针对图像中不同区域的特点进行阈值选择，适应背景灰度变化和目标对比度变化的情况。这种方法可以提高目标分割的准确性，尤其适用于具有复杂背景和灰度变化较大的图像。然而，自适应阈值化方法的计算量较大，对计算资源进行细致分析的话，我们可以进一步讨论自适应阈值化方法的实现细节、应用场景和参数选择。

二、算法实现

（一）类的相关概念

1. 类的定义

基于形心法的目标跟踪算法是一种经典的目标跟踪方法，主要思想是通过计算目标区域的形心（质心）位置来实现目标的跟踪。在基于形心法的目标跟踪算法中，可以定义一个名为 MeanShiftTracker 的类来实现该算法。该类可以包含以下属性和方法。

（1）属性。

current_frame：当前帧的图像数据。

target_rect：目标的位置矩形框。

tracking_window：跟踪窗口，用于指定目标的区域。

hist_model：目标模型的颜色直方图。

termination_criteria：迭代终止条件。

（2）方法。

initialize（）：初始化跟踪器，包括创建跟踪窗口、计算目标模型的直方图和设置终止条件。

track（next_frame）：对下一帧图像进行目标跟踪，包括计算反向投影和应用 Mean Shift 算法进行迭代搜索。

compute_histogram（image）：计算图像的颜色直方图。

compute_back_projection（image, hist_model）：计算反向投影图像。

get_tracking_result（）：获取跟踪结果，返回目标的位置矩形框。

通过定义上述类型及其属性和方法，可以方便地实现基于形心法的目标跟踪算法。下面将对每个方法进行详细说明。

2. 方法的详细说明

（1）initialize（）。

该方法用于初始化跟踪器，设置跟踪器的初始状态。在该方法中，需要完成以下几个步骤。

从当前帧图像中提取目标的初始位置矩形框，赋值给 target_rect 属性。

根据目标位置矩形框，在当前帧图像中提取目标的初始跟踪窗口，赋值给 tracking_window 属性。

对跟踪窗口中的图像数据计算颜色直方图，得到目标模型的直方图，赋值给 hist_model 属性。

设置终止条件，用于控制 Mean Shift 算法的迭代终止。

（2）track（next_frame）。

该方法用于对下一帧图像进行目标跟踪。在该方法中，需要完成以下几个步骤。

将下一帧图像赋值给 current_frame 属性，更新当前帧图像。

使用目标模型的直方图进行反向投影，得到反向投影图像。

应用 Mean Shift 算法进行迭代搜索，以寻找目标的新位置。

在每次迭代中，计算当前跟踪窗口内的像素的权重，并将其与反向投影图像相乘，得到加权反向投影图像。

计算加权反向投影图像的形心位置，作为新的跟踪窗口的中心。

判断新的跟踪窗口与上一帧的窗口之间的重叠程度，如果满足终止条件（例如重叠区域小于一定阈值），则停止迭代，否则继续迭代。

更新目标的位置矩形框，并返回跟踪结果。

（3）compute_histogram（image）。

该方法用于计算图像的颜色直方图。可以选择不同的颜色空间（如 RGB、HSV 等）来计算直方图。在该方法中，需要完成以下几个步骤。

将图像转换到指定的颜色空间。

将图像划分为若干个子区域（bins）。

遍历图像的像素，统计每个子区域内的像素数量。

将像素数量归一化为概率分布，得到颜色直方图。

（4）compute_back_projection（image，hist_model）。

该方法用于计算反向投影图像。反向投影图像表示了图像中每个像素属于目标的概率。在该方法中，需要完成以下几个步骤。

计算图像的颜色直方图，得到目标模型的直方图。

将图像转换到与目标模型直方图相同的颜色空间。

对于图像中的每个像素，计算其在目标模型直方图中的概率值，作为反向投影图像的像素值。

（5）get_tracking_result（）。

该方法用于获取跟踪结果，返回目标的位置矩形框。在该方法中，只需返回存储在 target_rect 属性中的目标位置矩形框即可。

通过上述类的定义和方法的实现，可以基于形心法实现基于 Mean Shift 的运动目标跟踪算法。该算法利用目标区域的形心位置来跟踪目标，通过反向投影和 Mean Shift 算法的迭代搜索，可以实现目标在连续帧之间的跟踪。该算法的核心是目标模型的建立和形心位置的计算，通过不断迭代优化目标位置，实现准确的目标跟踪。

（二）函数调用

基于 Mean Shift 的运动目标跟踪算法使用基于形心法的跟踪方法，可以实现对目标的检测和跟踪。

1.函数调用流程

在每一帧图像中调用 Gravity 函数，并为该函数提供帧数据及分隔目标区域的阈值，以实现目标的检测和跟踪。函数调用流程如下。

（1）载入第一帧图像并初始化跟踪器。读取第一帧图像，并将其作为参数传递给 Gravity 函数。

在 Gravity 函数内部，创建 MeanShiftTracker 对象，用于跟踪目标。

调用 MeanShiftTracker 的 initialize 方法，完成跟踪器的初始化，包括创建跟踪窗口、计算目标模型的直方图和设置终止条件。

（2）进行目标跟踪。从第二帧开始，循环遍历每一帧图像，并将当前帧图像作为参数传递给 Gravity 函数。

在 Gravity 函数内部，调用 MeanShiftTracker 的 track 方法，对下一帧图像进行目标跟踪。

在 track 方法内部，根据当前帧图像计算反向投影图像，并应用 Mean Shift 算法进行迭代搜索，以寻找目标的新位置。

重复迭代直到满足终止条件，更新目标的位置矩形框。

（3）显示跟踪结果。在每一帧图像上绘制目标的位置矩形框，可视化目标的跟踪结果。

保存跟踪结果图像，并输出实验结果。

2.实验结果展示

实验结果如图 6-1~ 图 6-4 所示。

图 6-1　形心法跟踪效果图（1）　　　图 6-2　形心法跟踪效果图（2）

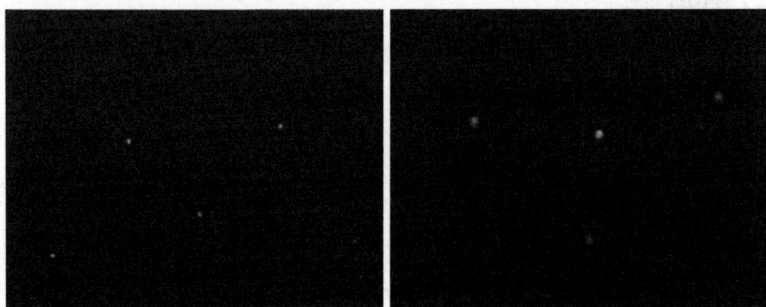

图 6-3　形心法跟踪效果图（3）　　　图 6-4　形心法跟踪效果图（4）

　　这种基于形心法的跟踪方法具有计算简单、稳定性好的特点，并且稍加改进后，也适用于多目标的检测和跟踪。通过实验结果的展示，可以直观地观察到目标在连续帧之间的跟踪效果，验证了该算法的有效性和准确性。

　　通过以上的函数调用流程和实验结果展示，可以全面了解基于 Mean Shift 的运动目标跟踪算法中基于形心法的跟踪方法的实现过程和效果。该算法在目标检测和跟踪中具有广泛的应用，能够准确地描述基于 Mean Shift 的运动目标跟踪算法中基于形心法的跟踪方法的实现过程和效果。

参考文献

[1] 刘健，宋娜，潘晋孝.基于光流法的稀疏光场稠密重建算法 [J].CT 理论与应用研究，2022，31（2）：173-185.

[2] 马鑫，梁新武.RGB-D 相机位姿估计不确定性与观测参数化分析 [J].机器人，2021，43（1）：54-65，73.

[3] 高翔，张涛.视觉 SLAM 十四讲：从理论到实践 [M].北京：电子工业出版社，2019.

[4] 赵奇.基于光流与深度学习的视觉里程计方法研究 [D].武汉：武汉理工大学，2018.

[5] 黄冠婷，韩学辉，龚晓婷，等.基于图像分割和区域匹配的灰度图像彩色化算法 [J].液晶与显示，2019，34（6）：8.

[6] 张博华.基于无监督学习光流估计的动态场景视觉 SLAM 方法研究 [D].哈尔滨：哈尔滨工业大学，2021.

[7] 王勃.基于光流法运动估计的室内视觉定位方法研究 [D].重庆：重庆理工大学，2019.

[8] 邵绪强，杨艳，刘艺林.流体运动估计光流算法研究综述 [J].中国图象图形学报，2021，26（2）：355-367.

[9] 张建波.动态环境下基于语义分割的视觉 SLAM 方法研究 [D].哈尔滨：哈尔滨工业大学，2019.

[10] 白乐乐.室内动态场景下的视觉 SLAM 算法研究 [D].西安：西安理工大学，2021.

[11] 韩波.面向动态环境的视觉 SLAM 技术研究 [D].杭州：浙江大学，2021.

[12] 刘凯鉴.基于视觉 SLAM 的室内语义地图构建 [D].杭州：浙江大学，2020.

[13] 樊垚，费玮玮，杨洪康，等.基于距离参数化 EKF 滤波器的纯方位目标运动分析 [J].舰船科学技术，2019，41（17）：128-133.

[14] 周德云，章豪，张堃，等.基于距离参数化的混合坐标系下平方根容积卡尔曼滤波纯方位目标跟踪 [J].计算机应用，2015，35（5）：1353-1357.

[15] 张帅，刘秉琦，黄富瑜，等.视物显大症场红外空中小目标梯度熵权质心跟踪方法 [J].光子学报，2018，47（11）：264-274.

[16] 杜云，张静怡.基于自适应容积卡尔曼滤波的交互多模型算法 [J].科技创新与应用，2019（25）：22-25.

[17] 叶泽浩，毕红葵，张裕禄，等.平方根 UKF 算法中奇异值问题的研究 [J].空军预警学院学报，2018，32（4）：272-275.

[18] 戴卿，隋立芬，田源，等.高斯混合求积分卡尔曼滤波姿态估计算法 [J].测绘科学技术学报，2018，35（4）：337-342.

[19] 任时兴，孙晓峰.双站无源定位精度与布站仿真分析 [J].舰船电子对抗，2016，39（3）：15-18.

[20] 刘晓阳，张龙，王中晔，等.基于单目标双站测距的改进型三角定位法 [J].火力与指挥控制，2019，44（5）：90-96，101.

[21] 高宪军，李洪斌，司博文.单站无源定位的一种改进的粒子滤波算法 [J].电子设计工程，2016，24（5）：107-109.

[22] 孙霆，董春曦.传感器参数误差下的运动目标 TDOA/FDOA 无源定位算法 [J].航空学报，2020，41（2）：257-266.

[23] 邱硕丰，刘军.无源双站交叉定位误差分析 [J].舰船电子对抗，2018，41（5）：22-26.

[24] 李国汉，孟晓军，修瑞云.双站阵列交叉定位系统误差控制优化 [J].舰船电子对抗，2017，40（2）：23-27.

[25] 李康，丁国如，李京华，等.无源定位技术发展动态及其应用分析 [J].航空兵器，2021（2）：104-112.

[26] 裴益轩，李斌，王峰，等.陆军机动伴随防空作战装备体系探讨 [J].火炮发射与控制学报，2021（3）：106-110.

[27] 周雪，梁超，何均洋，等 . 一体化多目标跟踪算法研究综述 [J]. 电子科技大学学报，2022（5）：728-736.

[28] 李志华，于杨 . 基于检测的多目标跟踪算法综述 [J]. 物联网技术，2021（4）：20-24.

[29] 胡娉瑜 . 基于深度学习的多目标跟踪算法研究 [J]. 自动化应用，2023（7）：51-53.

[30] 周志海，郝向凯，刘智，等 . 一种在线实时多目标跟踪算法的设计与实现 [J]. 电子世界，2021（15）：140-142.

[31] 国强，吴天昊，徐伟，等 . 基于通道可靠性和异常抑制的目标跟踪算法 [J]. 浙江大学学报（工学版），2022（12）：2379-2391.

[32] 许龙，魏颖，商圣行，等 . 基于异步相关判别性学习的孪生网络目标跟踪算法 [J]. 自动化学报，2023（2）：366-382.

[33] 王梦亭，杨文忠，武雍智 . 基于孪生网络的单目标跟踪算法综述 [J]. 计算机应用，2023（3）：661-673.

[34] 周嘉麒，王指挥，廖万斌 . 基于融合数据关联的无人机多目标跟踪算法 [J]. 舰船电子工程，2022，42（2）:48-54.

[35] 王宇晗，孟凡军 . 基于深度学习孪生网络的目标跟踪算法 [J]. 航空精密制造技术，2022，58（1）：23-26.

[36] 程栋栋，吕宗旺，祝玉华 . 孪生网络目标跟踪算法 [J]. 福建电脑，2021,37（2）：85-86.

[37] 尹宏鹏，陈波，柴毅，等 . 基于视觉的目标检测与跟踪综述 [J]. 自动化学报，2016，42（10）：1466-1489.

[38] 郑运平，李睿君 . 二叉树模型在目标跟踪中的应用 [J]. 华南理工大学学报（自然科学版），2020，48（1）：42-50.

[39] 孟琭，杨旭 . 目标跟踪算法综述 [J]. 自动化学报，2019，45（7）：1244-1260.

[40] 李玺，查宇飞，张天柱，等 . 深度学习的目标跟踪算法综述 [J]. 中国图象图形学报，2019，24（12）：2057-2080.

[41] 董吉富，刘畅，曹方伟，等 . 基于注意力机制的在线自适应孪生网络跟踪算法 [J]. 激光与光电子学进展，2020，57（2）：313-321.

[42] 于博文, 吕明. 改进的 YOLOv3 算法及其在军事目标检测中的应用 [J]. 兵工学报, 2022, 43（2）: 10.

[43] 鲁岳, 符锌砂. 基于街景图像的城市景观与交通安全分析 [J]. 华南理工大学学报（自然科学版）, 2021, 49（10）: 22-30.

[44] 梁霄, 李家炜, 赵小龙, 等. 基于深度学习的红外目标成像液位检测方法 [J]. 光学学报, 2021, 41（21）: 96-104.

[45] 尹旭, 利昭仪, 朱雨露, 等. 风电场测风数据插补的不确定度研究 [J]. 可再生能源, 2023, 41（5）: 625-630.

[46] 邓明阳, 郭应时. 电动汽车插补耦合无线充电技术的研究 [J]. 重庆交通大学学报（自然科学版）, 2021, 40（6）: 130-135.

[47] 李翔, 高辉, 陈良亮. 基于 GAIN 的数据插补及 Bi-GRU 在充电桩预警中的应用 [J]. 广东电力, 2022, 35（12）: 22-31.

[48] 谷海彤, 陈邵华, 吴晓强, 等. DA 多重插补法在电网电能量数据缺失处理中的应用 [J]. 广西科技大学学报, 2017, 28（3）: 103-109.

[49] 刘静, 杨凤志, 王尹, 等. 测风数据插补延长对发电量计算的影响 [J]. 船舶工程, 2022, 44（S2）: 138-143.

[50] 李天宇, 张杨. 利用宏编程实现风电场缺失数据的插补 [J]. 计算机光盘软件与应用, 2013, 16（20）: 108-110.